国家社会科学基金项目一般项目：我国城市暴雨内涝灾害形成机理、韧性评估与防治对策研究（项目编号：20BGL260）

山西师范大学"深入学习贯彻党的二十届三中全会精神"研究专项：地方政府韧性治理的注意力配置差异研究——基于发展与安全"孰轻孰重"的视角（项目编号：SZQH2413）

RESEARCH ON URBAN FLOOD
DISASTER RESILIENCE

城市洪涝灾害韧性研究

范 玲◎著

经济管理出版社
ECONOMY & MANAGEMENT PUBLISHING HOUSE

图书在版编目（CIP）数据

城市洪涝灾害韧性研究 / 范玲著. -- 北京：经济
管理出版社，2024. -- ISBN 978-7-5243-0029-8

Ⅰ. P426.616

中国国家版本馆 CIP 数据核字第 2025YT6325 号

组稿编辑：谢　妙
责任编辑：谢　妙
责任印制：张莉琼

出版发行：经济管理出版社
　　　　　（北京市海淀区北蜂窝 8 号中雅大厦 A 座 11 层　100038）
网　　址：www. E-mp. com. cn
电　　话：（010）51915602
印　　刷：北京市海淀区唐家岭福利印刷厂
经　　销：新华书店
开　　本：720mm×1000mm/16
印　　张：12.25
字　　数：208 千字
版　　次：2025 年 1 月第 1 版　　2025 年 1 月第 1 次印刷
书　　号：ISBN 978-7-5243-0029-8
定　　价：88.00 元

前　言

联合国政府间气候变化专门委员会（IPCC）发布的第六次气候变化评估报告的综合报告《气候变化2023》指出，城市的高速发展与人类活动的集聚导致了全球升温速度加快，气候变化也增大了极端降水事件的概率，城市内涝风险形势严峻，极大地影响了城市系统的平稳运行，对城市的安全发展提出了挑战。城市韧性建设在洪涝灾害防治过程中起到的作用越来越重要，它能引导城市的灾害治理从"灾后如何应对"的被动管理转向"灾前如何预防、灾中快速响应、灾后积极恢复"的主动治理，在这样的背景下，如何提升城市洪涝灾害韧性成为学者关注的热点。

现实问题需要理论支撑，关于城市韧性的相关学术成果不断涌现，但现阶段仍存在以下问题：首先，城市韧性相关研究大多是在全灾种或公共危机情景下展开讨论的，缺乏针对某一特定灾害冲击下城市韧性的研究。其次，将灾害过程与城市复合系统融合起来纳入灾害韧性评估框架中，分析城市洪涝灾害韧性作用机制的研究较少。最后，由于特定灾害的中微观数据获取较为困难，灾害韧性的评估尺度多停留在省域层面，深入城市层面的研究较少，且研究方法和分析视角较为局限。那么，如何多维度阐释城市洪涝灾害韧性的内涵和特征，进而分析其作用机制并据此构建评估指标体系？如何评估城市洪涝灾害韧性并展开时空格局演化分析？已有的韧性城市成功的秘诀是什么？应当通过何种路径提升城市洪涝灾害韧性？其保障机制是什么？这些问题仍需进一步探讨。

基于此，本书将城市韧性理念融入城市洪涝灾害治理范式，对城市洪涝灾害韧性进行了概念界定，从压力、状态、响应三个维度及经济、社会、生态、工程四个城市系统进行了阐释和特征分析，并基于本书构建的城市洪涝灾害韧性作用机制分析框架，分析了我国城市洪涝灾害韧性的发展水平、时空演化特征，进一步探索了多要素协同驱动城市洪涝灾害韧性提升的多重路径。首先，笔者梳理了相关文献，结合灾害韧性理论、压力—状态—响应理论和城市复合生态系统理论，将城市韧性理念嵌入洪涝灾害治理范式，对本书的研究对象"城市洪涝灾害韧性"进行了概念界定，从压力、状态、响应三个维度以及经济、社会、生态、工程四个城市系统进行了阐释和特征分析，从灾害演化过程视角和城市复合生态系统视角出发对城市洪涝灾害韧性进行了分解，并对其作用机制进行了分析；其次，运用系统综述法筛选了影响因素，从压力、状态、响应三个维度，经济、社会、生态、工程四个城市系统构建了评估指标体系，采用极差最大化组合赋权优化模型评估了我国 284 个地级市 2011～2020 年的洪涝灾害韧性水平，并运用核密度估计、ESTDA、空间 Markov 链等方法分析了其时空演化格局；再次，基于城市洪涝灾害韧性组态效应分析模型，运用 fsQCA 方法，探索了 TOE 要素协同驱动城市洪涝灾害韧性提升的多重路径及高韧性实现的复杂因果逻辑；最后，对本书的研究内容和研究结论进行了总结，提出了可供参考和实践的对策建议，并指出了本书研究中存在的不足和未来研究方向。

通过相关实证分析，本书得出了以下结论：第一，城市韧性理念可以赋能洪涝灾害治理范式。城市洪涝灾害韧性可以理解为城市系统在面临洪涝灾害风险冲击时，能减少城市系统内部要素受到的损失，具有抗干扰能力、迅速恢复能力、降低洪涝风险能力、不断演进能力，可以从灾害演化过程视角和城市复合生态系统视角出发，分析城市洪涝灾害韧性的作用机制。第二，我国城市洪涝灾害韧性区域间差异较大且发展不均衡，存在"高水平垄断"和"低水平陷阱"现象。时空格局演化分析表明，在时序变化上，我国城市洪涝灾害韧性水平在逐步提升，压力韧性发展较为平稳，状态韧性波动较大且有所降低，响应韧性提升较为明显。整体韧性水平按"东—中—西"的区域梯度递减，以及"超大—特大—大—中等—小"的城市规模递减。在空间分布上，东部沿海地区出现中高韧性城市带，中部省会高韧性城市可以辐射带动周边低韧性城市的发展,西北和东北的城市韧性分布更加差异化;压力韧性空间分布较为均匀;状态韧性呈中东部地区高、东北及西北地区低的分布态势;响应韧性呈东部和西部地区高、中部地区低的分布态势。在动态演化上,城市洪涝灾害韧性呈显著的空间集聚态势,局部时空格局动态变迁路径差异显著,呈现协同增长与空间竞争并存的局面;随着时间的变化,城市韧性等级实现跨越式增长的概率加大,但相邻城市之间的辐射作用有限。第三,TOE 要素协同驱动城市洪涝灾害韧性发展存在多条组态路径。组态效应分析表明,技术条件(风险监测能力、风险预警能力)、组织条件(财政资源供给、政策重视程度)、环境条件(洪涝灾害风险、公众参与程度)都不能单独成为城市洪涝灾害韧性提升的必要条件,但洪涝灾害风险是造成低韧性的"瓶颈"。高韧性的实现存在三条组态路径,即"技术驱动政策支持型""低风险技术驱动型""政策支持公众参与型";低韧性有两条组态路径,其与高韧性的实现路径存在因果非对称性。

针对以上结论,本书提出了以下优化策略:第一,加强城市洪涝灾害的监测与预警技术,有效掌握城市面临的外部压力情况;第二,加强经济、社会、生态、工程等城市系统的冗余性和鲁棒性,以更好的状态预防和面对洪涝灾害的冲击;第三,完善洪涝灾害应急预案,下沉灾害治理单元,拓宽社区和居民参与灾害治理的深度和广度,提升城市的灾害响应和恢复能力。

本书的创新之处主要体现在以下几个方面:首先,将城市韧性理念融入城市洪涝灾害治理范式,从灾害演化过程和城市复合生态系统的融合视角出发分析了城市洪涝灾害韧性的作用机制,构建了评估模型,测度了我国城市洪涝灾害韧性水平,并从技术、组织、环境维度构建了城市洪涝灾害韧性组态分析模型,剖析了城市洪涝灾害韧性的结构组成和驱动要素。其次,多方法、多角度对城市洪涝灾害韧性进行了测度和时空格局演化特征分析,进一步从组态视角出发运用 fsQCA 方法实证分析了驱动城市洪涝灾害韧性提升的多重路径,弥补了单一定性或定量分析的不足,丰富了灾害治理领域复杂因果关系的研究。

范玲

2024 年 7 月

目　录

第1章 绪 论

1.1 研究背景与意义

1.1.1 研究背景

1.1.1.1 城市洪涝灾害日益频繁且影响巨大

全球气候变化已经影响到各地诸多极端天气和气候事件的发生频率。城市特大暴雨发生的概率不断增加，加剧了城市洪涝灾害的风险，成为造成城市洪涝的直接原因。洪涝灾害的发生频率在全球自然灾害中占比超60%，亚洲是洪涝灾害的高频地区。我国洪涝灾害频繁且严重，每次都会造成重大的人员伤亡和经济损失。我国2021年发生了42次严重降水事件，导致5901万人受灾、590人死亡或失踪、15.2万所房屋被毁，直接经济损失达2458.9亿元。国家气候中心统计，2023年7月16日至8月15日，我国共出现7次极端性强的暴雨过程。我国的洪涝灾害除了在东南沿海地区频发，在内陆干旱地区也时有发生，近年来我国多次发生破纪录的极端降水事件，造成北京、广州、深圳、武汉等超大城市的内涝灾害，对城市和居民造成了严重影响，同时暴露出城市系统的脆弱性。各城市不同程度的洪涝灾害具有发生范围广、内涝持续时间长、后续对城市发展和管理影响严重、生命安全受到威胁、财产损失巨大等特点，极大地影响了城市综合系统的平稳运行，对城市的安全发展提出了挑战。

近年来，随着社会发展管理水平的提升，洪涝灾害的死亡人数有所下降，但是全球每年仍然有超 5000 人死于洪涝灾害，其中发展中国家受到洪涝灾害冲击的影响较大。水利部《水旱灾害防御公报》统计，我国的长江和黄河流域多次发生大型水灾，造成超过 10 万人的伤亡。随着我国气象预报的技术水平不断提升，政府不断采取各种应急措施应对洪涝灾害，1980～2017 年，我国因洪涝灾害造成的总体死亡人数整体呈下降趋势，但是受洪涝灾害影响的居民却日益增加，受洪涝灾害威胁的城市也越来越多。洪涝灾害不仅会对人类生命造成威胁，还会给国家和城市带来巨大的经济损失，过去的 30 余年里，自然灾害造成的经济损失已达 4 万亿美元，而极端气象灾害造成的经济损失占比高达 75%，城市洪涝灾害是其中的主要因素。我国作为洪涝灾害频发的国家，每年灾害造成的直接与间接损失巨大，严重影响了社会公众的生产和生活，这些都倒逼城市不断加强基础设施建设，完善风险预警、应急管理、抢险救援等措施，进一步提升灾害防治、灾后重建的现代化水平。

社会经济活动也是造成洪涝灾害频发和灾害损失巨大的重要因素。当城镇化水平较高而基础设施的防洪排涝标准较低时，灾害损失不可估量。快速发展的城市、急剧增长的人口，加剧了洪涝灾害的风险。全球的城市化率预计到 2050 年将突破 58%，2019 年我国有超过半数的人口居住在城市中，城市化率已经达到 60.6%。资产和人口在城市中急速聚集，给城市的生态环境带来了较大的压力，城市不断地进行开发建设，改变了许多土地的利用情况，耕地、绿化、湖泊面积逐渐减少，不透水面积增多，城市的储水蓄洪能力越来越差，自然排水能力、生态蓄洪能力和水资源调节能力也逐渐降低，加剧了洪涝灾害的频率与强度。同时，人口和建筑的急剧增长造成了"热岛效应""雨岛效应"，对城市气候产生了影响，进一步增加了洪涝灾害的风险。

1.1.1.2　国家出台各项政策治理洪涝灾害

由上文可以看出，传统的洪涝灾害在气候变暖和极端天气的影响下，已经不再遵循以往的发生规律，洪涝灾害带来的直接损失和间接损失仍然在不断增加，制定新型的洪涝灾害治理战略迫在眉睫。世界上许多面临洪水风险的国家正致力于实施各种战略，使其城市更能抵御气象灾害和洪涝灾害。传统的防御性措施在以往的洪涝灾害应对中发挥了重要的作用，但是研究发现，即使启动相同的洪涝灾害防御措施，不同城市在面临相同灾害时遭受的损失也存在较大差异。研究者据此提出了新的灾害治理模式，即注重提升公众的灾害认知和应对风险的能力，其中"气候人文因素"计划和"韧性城市"战略是城市应对极端天气频发和洪涝灾害加剧的主要政策。"气候人文因素"计划的主旨是居民应当学会与风险共生；"韧性城市"战略的重点在于增强城市面对灾害的适应能力，从以往的灾害中吸取经验，更好地预防和应对未来灾害的发生，减少灾害对社会经济生态等造成的损失。由此我们可以发现，这两个政策都关注城市在面临风险或灾害时如何减轻后果并能快速恢复正常状态，也就是城市的灾害韧性。

基于此，城市韧性理念开始被引入城市规划建设实践中。2005 年，印度洋发生强烈地震并引发海啸，影响范围极广，第二届联合国世界减灾大会因此通过了《2005—2015 年兵库行动框架：加强国家和社区的抗灾能力》，关注和提升城市和社群的灾害韧性；2015 年，第三届联合国世界减灾大会通过了《2015—2030 年仙台减轻灾害风险框架》（以下简称《仙台减灾框架》），强调提升灾害韧性的重要性，提出未来各国和地区的减灾目标就是提高受灾地区的韧性建设。为了更好地应对城市各类自然灾害风险，2010 年，联合国启动了"韧性城市运动"，各国政府纷纷响应，实施了针对自身需求的韧性计划。国际上一些非政府组织也关注韧性城市的建设，如洛克菲勒基金会提出了"全球 100 韧性城市项目"，为参与其中的城市指派首席韧性官并指导其韧性建设，到 2018 年年底，已有 3858 个城市参与其中，据统计，"全球 100 韧性城市项目"中 80% 的城市曾饱受暴雨、洪涝等灾害的困扰。当前，城市韧性建设已成为应对自然灾害的有效措施。

我国很早就开始关注城市重大自然灾害的监测与防治，《国家中长期科学和技术发展规划纲要（2006—2020 年）》要求重点发展对暴雨洪涝灾害的监测预警和风险评估。许多城市也紧跟国家步伐，出台了相应的政策。北京、上海等城市相继开启了防洪规划建设，住房和城乡建设部也发布了《城市排水（雨水）防涝综合规划编制大纲》。成都、洛阳、三亚、咸阳、宝丰、绵阳、西宁等城市也陆续加入了联合国减灾署发起的"让城市更具韧性"行动，北京、上海、广州、成都和西安等多个城市也积极跟随国家政策，自主探索韧性城市建设，结合城市总体规划，进行宏观引导，并逐步在各个领域进行细化及落实。2018 年，我国开始开展大规模韧性城市建设相关实践，在 2020 年 6 月的城市体检工作中将"安全韧性"作为核心指标之一，同年 10 月，我国政府将"建设韧性城市"明确写入"十四五"规划中。

1.1.1.3 洪涝灾害治理范式亟须转变

当前城市的灾害治理范式已经从原来灾害发生后的危机管理逐步走向现在灾前的预防治理。灾后的危机管理只是一种消极的事后响应模式，而灾前的预防治理是积极主动对灾害进行常态化管理，这种变化产生的原因在于城市面临的灾害越来越复杂，灾害的发生会带来一系列次生灾害，多种灾害复合发生，对城市灾害治理能力也提出了更高的要求。为了应对城市复合灾害带来的危机、灾难和不可估量的严重后果，学者意识到当前的灾害管理需要深化到全方位、全过程和全主体。全方位关注灾害的各项治理措施，包括结构性和非结构性方面；全过程治理灾害的各个阶段，包括灾前的预防、灾中的减缓和响应、灾后的快速恢复和反思改进，要形成一个渐进式调整的动态循环过程；全主体参与就要打破现有的顶层治理格局和分割的负责机制，将政府部门、公共组织和公众等主体都纳入灾害治理的参与框架，弥补传统危机管理下单兵作战的不足，构建共建、共治、共享的城市灾害治理体系。要将韧性理念嵌入灾害治理，形成一个灾害韧性建设框架，为重新审视城市灾害的适应性治理及政策法规的制定提供参考。一个城市的灾害韧性水平，可以反映城市在面临复杂的、联动的、容易造成城市系统全面崩溃的风险时的应对能力。城市灾害韧性建设不是一蹴而就的，更强调以逐步发展、渐进演化的方式调整城市的韧性水平，以应对未来的风险和挑战。

1.1.1.4 城市韧性理念赋能洪涝灾害治理

城市韧性建设在城市洪涝灾害治理过程中起到的作用越来越重要，引导城市的灾害治理从"灾后如何应对"的被动管理转向"灾前如何预防、灾中快速响应、灾后积极恢复"的主动治理视角。已有大量文献尝试将城市洪涝和韧性理念相结合进行研究，但大多停留在理论分析和概念界定阶段，研究对象也停留在省域层面，城市层面洪涝灾害韧性的评估标准仍是一个亟待解决的问题。洪涝灾害情景下的城市韧性评估指标应该包含哪些维度、哪些具体指标？

如何构建一个全面、有效的指标体系，用何种方法科学合理地评估城市洪涝灾害韧性水平？这些问题依然存在争议。

综上所述，本书将城市韧性理念融入洪涝灾害治理范式，基于压力—状态—响应理论、城市复合生态系统理论、灾害韧性理论，分析城市洪涝灾害韧性作用机制，开展测度和评估，进一步探寻城市洪涝灾害韧性提升的组态路径，并给出可供我国城市参考和借鉴的对策建议。本书尝试分析以下问题：如何界定城市洪涝灾害韧性？如何分析其作用机制，并找出相关影响因素？评估城市洪涝灾害韧性应采用何种方法，包括哪些维度和指标？我国城市洪涝灾害韧性水平如何，呈现何种时空演化格局？我国城市洪涝灾害韧性的优化策略与保障机制是什么？

1.1.2　研究意义

1.1.2.1　理论意义

第一，有助于深化关于城市洪涝灾害韧性内涵及作用机制的理解。本书将城市韧性理念融入城市洪涝灾害的治理范式，对城市洪涝灾害的韧性进行概念界定、多维阐释和特征分析，从灾害演化过程和城市复合生态系统的融合视角出发分析了城市洪涝灾害韧性的作用机制，补充了特定灾害下城市韧性实现情境领域的理论文献。

第二，有助于丰富城市洪涝灾害韧性的评估方法。本书构建了包括经济、社会、生态、工程四个城市系统的城市洪涝灾害韧性评估指标体系，并将可以有效结合主客观权重各自优点的极差最大化组合赋权优化模型用于城市洪涝灾害韧性评估，丰富了城市洪涝灾害韧性的评估标准和评估方法。

第三，有助于探索多要素协同驱动城市洪涝灾害韧性提升的因果逻辑。以往对城市洪涝灾害韧性水平的评估是对现状的描述，无法回答"殊途同归"的问题。本书从 TOE 理论视角出发，构建了城市洪涝灾害韧性组态效应分析模型，探索了技术条件（风险监测能力、风险预警能力）、组织条件（财政资源供给、政策重视程度）、环境条件（洪涝灾害风险、公众参与程度）等多要素协同驱动城市洪涝灾害韧性提升的多重路径，丰富了灾害治理领域复杂因果关系的理论研究。

1.1.2.2 实践意义

第一，对各城市洪涝灾害韧性水平进行评估与分析有利于明晰各城市当前的发展现状及区域差异。本书通过对各城市洪涝灾害韧性水平展开评估并进行时空格局演化分析，可以明晰各城市当前发展的时序现状、区域差异及动态演化特征，从而为同区域城市、不同规模城市的差异化建设提供数据支撑。

第二，本书中的研究可以为不同类型城市提升洪涝灾害韧性水平提供多重路径参考。本书通过对组态路径进行实证研究，可以寻找影响城市洪涝灾害韧性形成的前因解释变量，并探索多要素协同驱动城市洪涝灾害韧性提升的复杂因果逻辑，从而为城市打破"低水平陷阱"和"高水平垄断"提供参考。

1.2   文献综述

为了全面了解"城市韧性"与"洪涝灾害"的国内外研究现状，本章拟从"洪涝灾害的评估与情景模拟""城市韧性的内涵界定与评估""城市洪涝灾害韧性的评估与治理"等方面进行文献梳理与述评，以把握相关研究的现状及其存在的研究缺口，并为进一步研究提供参考与借鉴。

1.2.1   城市洪涝灾害相关研究

1.2.1.1   城市洪涝灾害的评估体系

国际上关于洪涝灾害的评估研究较为深入，主要聚焦灾害带来的风险、损失及后续如何管理。①灾害风险评估。对洪涝灾害的风险进行评估是展开灾害管理和应急响应的前提，在风险评估中学者重点关注危险性、暴露性和脆弱性（Walker，2021），评估指标通常包括生态层面的雨水情况、径流面积、土地利用，经济层面的人口和GDP，社会层面的城市化、基础设施等，部分学者还考虑了人为因素，如政府、组织和个人等的行为，并将它们纳入风险评估框架（Geng 等，2020；Wens 等，2019）。②灾害损失评估。对灾害损失展开评估可以为灾后恢复重建提供优化策略（Kai 等，2018），部分学者对某些特定对象，如人、财、物等进行了独立评估（Huang 等，2017；Do 等，2015），如洪涝灾害对不同类型土地、建筑的影响，对居民财产和人身的损害等（Birgani 和 Yazdandoost，2018）。也有学者构建了较为全面的灾害损失评估模型，对直接损失和间接损失进行综合评估（Andreas 等，2015）。③灾害管理评估。许多经济体都制定了洪涝灾害治理框架，以应对日益频发的洪涝灾害风险，如欧盟发布了洪涝灾害指令、法国制定了国家洪水风险管理战略、美国规划了洪水风险地图等。如何制定有效的政策法规以保持城市的可持续发展是研究重点；也有学者对灾害风险下的铁路运营、家庭经济恢复和灾害保险定价等内容展开了深入研究（Rana 和 Routray，2018；Patric 等，2016；Dan 等，2016）。

国内学者对城市洪涝灾害的研究也从定性、半定性研究逐步发展为定量研究，主要集中在三个方面：①灾害风险评估。国内关于洪涝灾害风险评估的方法有指标体系评估法，包括致灾因子、孕灾环境、承灾体、防灾减灾能力等维度，以及根据灾害情景进行建模分析的方法，如 FloodArea 模型、CLUE-S 模型、GIS 空间分析模块等。②灾害损失评估。国内的灾害损失侧重于经济层面的分析，通过历史统计数据得出灾损率曲线并计算其带来的直接经济损失，以及采用投入产出模型分析灾害的关联损失。也有学者界定了灾害损失绝对量（灾度）和相对量（灾损率）的概念，考察医疗保障能力、社会福利待遇、伤亡补助等（赵阿兴和马宗晋，1993）。③应急管理评估。应急预案的设置和优化是政府部门有效应对灾害的依靠，将应急预案模块化、流程化可以提高有关部门的决策效率和准确度（Raffaele 等，2018）。

1.2.1.2　城市洪涝灾害的评估方法

国际上关于洪涝灾害的评估方法可归纳为以下三类：①构建数学模型，如回归法、聚类法，对历史灾害的灾度和灾损样本进行统计分析，借助其内在规律，评估发生的洪涝灾害损失。Santos 等（2018）构建了葡萄牙洪水灾害数据库，其中包含葡萄牙 1865～2016 年的洪涝灾害数据，并利用这些数据进行风险评估，为洪涝灾害的治理提供了科学依据。②指标体系评估法。这种方法通过构建评估指标，利用多种数学公式或模型计算指标权重，进行加权求和得到研究对象的灾害风险等级，常用的评估方法有德尔菲法、AHP 法等。③基于软件技术的评估，如地理信息系统（GIS）与遥感（RS）。这种方法借助 GIS

提取灾害发生的遥感信息数据，建立洪涝风险图，分析特定区域内洪涝灾害的时空分布情况，展开城市经济与社会的脆弱性评估，也有学者借助 RS 技术获得土地的地形地貌与水资源等数据。

国内关于洪涝灾害的评估方法主要有以下四类：①利用数理统计法进行灾害规律分析，如相关分析、回归分析、时间序列分析，并对城市洪涝灾害历史数据进行统计，以此预测未来的灾害发生率；②指标体系综合评估法，运用的评估方法主要有熵权法、AHP 法、TOPSIS 法等，这些方法结合构建的指标体系可以对区域洪涝灾害进行综合评估及排序对比；③水动力学模型，运用降雨径流模型如 SWMM、水动力模型如 LISFLOOD-FP、DHI-Mike 和 FloodArea，对洪涝灾害下排水系统的工作情况进行规划和可视化模拟；④灾害损失算法，有学者采用蚁群算法、离散网格法、元胞自动机等模拟洪涝灾害带来的损失，或者采用 GIS 技术进行灾害损失分析。

1.2.1.3 城市洪涝灾害的情景模拟

国外发达国家采用雨洪模型展开情景分析，随后的 GIS、RS 技术也为情景分析提供了更有效的技术支撑，并广泛应用于对洪涝灾害的研究中。例如，美国环保局在 1970 年开发了水文水质模拟软件，并模拟了农村地区的径流情况（Yan 和 Zhang，2014）；英国提出了暴雨雨水管理模型，经不断改进形成了 SWMM5.0 版本和 Infoworks CS 系统；美国也开发了河流模拟系统，有效减轻了洪涝灾害对城市的影响。计算机技术的发展也为学者的进一步研究提供了技术支持。例如，Asari 等（2016）采用高性能水动力模拟系统，综合分析了泰晤士河的洪涝灾害风险；Xu 等（2018）构建了弹性车辆调度仿真模型，基于云资产及数据驱动提出了实时场景下的弹性车队管理解决方案。这些模型的开发和使用，有效减少了洪涝灾害造成的损失，提高了城市管理者的洪涝灾害治理能力。

国内关于洪涝灾害情景分析的研究也逐渐增多，学界主要将 GIS 技术与多种仿真建模方法相结合（叶丽梅等，2016），如无人机、多智能体、元胞自动机等，对未来城市洪涝灾害风险进行情景模拟和评估，从而为灾害管理决策提供一定的参考。机器学习也是一种较好的灾害模拟分析方法。例如，想要分析洪涝灾害在不同情景下的发生概率，可以采用 Python 中的 Scikit-learn 机器学习法；想要分析道路交通对暴雨强度的敏感情况，可以采用宏观交通模拟工具；等等。

1.2.2 城市韧性相关研究

学者将韧性理念应用于城市发展建设中，试图将城市复杂的子系统和多样化的功能与经济、社会及生态相结合。韧性城市为解决城市面临的内外部冲击和可持续发展的需求提供了新的思路和框架，相关研究主要包括以下几个方面。

1.2.2.1 城市韧性的内涵

国际上，将韧性理论应用于城市系统的思想最早由美国生态学年会在2002 年提出，随即其成为学界的研究热点。目前，尚未形成较为统一的科学定义，但是学者对城市韧性理念的共识是城市系统受到风险和冲击时做出的反应，如经济社会的恢复能力（Sara 等，2016）。城市作为一个复杂多变的系统，不断承受着外界环境和内部矛盾带来的冲击和扰动，因而逐渐出现了对"城市灾害韧性"的研究，外界环境冲击有洪水、地震、飓风等自然灾害，内部矛盾犹动有恐怖袭击、传染病传播、弱势群体、舆情危机等公共危机。

国内学者对城市韧性的阐释聚焦城市在遭受冲击后应对和化解危机的能力，强调灾害发生后，城市要有足够的能力保障居民正常的生产生活免于遭受太大的损失，并且能够迅速处理灾情、快速恢复城市系统的正常运行（翟国方等，2018；张明斗和冯晓春，2018）。城市韧性的内涵主要发源于生态学理论与系统动力学，基本特征主要包括稳定性、多样性、流动性、平衡性、缓冲性及冗余性等。部分学者认为，城市韧性应该包括三维空间，即物理、社会和信息，需要在这三个维度的空间下分析城市各个子系统的韧性（方东平等，2017），包括制度、工程、医疗、交通、通信等方面。

1.2.2.2 城市韧性的理论框架与评估指标

国际上关于城市韧性理论框架和评估指标的研究非常丰富。联合国减灾署最早在 2012 年就开发出了韧性城市指标体系，洛克菲勒基金会也提出了"全球 100 韧性城市项目"，Arup 公司制定了较为全面、系统的城市韧性评估框架，包括健康与福祉、社会与经济、基础设施与生态系统、领导与策略等多个方面。部分学者在此基础上从自然灾害视角出发，对城市的灾害韧性评估指标进行了细化（Bijan 等，2018；Melissa 等，2016；Susan 等，2008；Jooko 等，

2018），将研究维度从经济、社会、生态等拓展到物理、制度等，他们对工程韧性即城市基础设施建设的研究也在不断深化，研究范围包括基础设施的种类、需求、资源和能力等方面（Cimellaro 等，2016；Marc，2017）。

城市韧性的影响因素和评估指标是开展研究的基础，这些指标对城市韧性水平的提升具有重要的参考意义，也是国内学者的研究重点，他们主要从两个角度分析，即针对特定灾害的韧性或更为一般化的韧性，如表 1.1 所示。

表 1.1　国内学者构建的指标维度

指标维度	评估类型
综合韧性、工程韧性	城市暴雨灾害韧性（郑艳等，2018）
抵抗力、恢复力、适应力	城市洪水灾害韧性（陈长坤等，2018）
生态、工程、经济、社会	城市韧性（孙阳等，2017）
经济、社会、环境、社区、工程、组织	城市灾害韧性（李亚和翟国方，2017）
技术、组织、社会、经济	城市抗震韧性（翟长海等，2018）
冗余性、多样性、连通性、适应性、协同性、稳定性、恢复力、学习力	城市安全韧性（黄弘等，2018）
经济、工程、环境、社会	城市韧性（陈利等，2017）
鲁棒性、冗余性、协同性、流动性、应变性、快速响应	城市韧性（戴伟等，2017）

资料来源：笔者整理获得。

1.2.2.3　城市韧性的测度与评估方法

城市韧性的评估方法逐年增多，也更加系统和全面，评估方法主要分为定性和定量两类。定量评估主要基于构建的城市韧性指标体系，通过问卷、访谈、AHP 等方法将指标进行筛选或赋值，结合面板回归、GIS 等方法对结果展开深入分析。定性评估主要包括事件分析、追踪反馈等，主要作用是为定量评估奠定基础。

国内学者对韧性城市的评估也越发关注，并基于国际经验探索不同评估方法在我国的适用性。国内学者对社区韧性的评估借鉴了国外经验并进行了改进。例如，李亚和翟国方（2017）将国外的 BRIC 模型用于评估我国的灾害韧性；陈长坤等（2018）构建了 KL-TOPSI 模型，对雨洪情景下的城市韧性展开了综合评估；陈文玲和原珂（2016）还有学者基于智能技术，打造了韧性社区的灾前预防应用模块和灾后恢复智能模块。

1.2.3　城市洪涝灾害韧性相关研究

1.2.3.1　城市洪涝灾害韧性的内涵

越来越多的国家受到洪涝灾害的困扰，城市的脆弱性不断显现，将洪涝灾害与城市韧性理念结合起来进行研究成为学者关注的热点，学者对其内涵的解读主要集中在洪涝灾害的预防和治理方面。国际上，面对洪涝灾害的灾后重建工作，学者提出要建设绿色基础设施（Suryani 等，2019），吸收和减轻暴雨洪涝对城市的影响。部分学者认为，城市洪涝灾害韧性建设需要关注灾害下城市功能的保持，以及公民的生命财产安全（Helen，2014），主要涉及城市灾后的响应、调整能力以及系统的冗余性。国内学者也认识到防治洪涝灾害的重要性，但是将城市的洪涝灾害和韧性建设相结合的研究还处于起步阶段。有学者提出利用"韧性承洪理论"来应对城市的洪水安全问题，并采用"可浸区百分比"作为度量指标，计算城市系统的洪涝灾害续存能力（廖桂贤等，2015）；也有学者提出利用生态智慧来应对洪涝灾害的威胁，提升城市韧性建设，研究洪涝灾害风险对城市韧性的影响（汪辉等，2016）。

1.2.3.2　城市洪涝灾害韧性的测度与评估方法

国际上，城市洪涝灾害韧性评估多采用综合指标评估方法。有学者采用洪涝风险表征洪涝灾害韧性，比较城市不同的防洪方案（Miguez 和 Verl，2017）；也有学者从弹性、设施和家庭水平三个方面构建洪涝灾害韧性评估框架，考察居民面对洪涝灾害的韧弹性（Ming 等，2020）；还有学者从空间视角构建洪涝灾害韧性指数，分析城市不同防洪设施的抗洪能力情况。城市洪涝灾害韧性的评估视角也有所不同。有学者从经济、社会、工程、环境等维度对其展开评估，如评估洪涝灾害下城市的网络韧性（Lhomme 等，2013）；也有学者从稳定性、适应性和转移性等维度展开评估，发现只有将洪涝灾害韧性建设融入城市整体规划，才能将防洪规划设计得更具韧性（Patrick 等，2019）；少量学者从生态视角出发，提出要利用智慧技术吸收和利用洪水的冲击，以此来改善本地区洪涝灾害的响应能力（Kuei-Hsien 等，2016）；还有少量学者从灾害过程出发，基于 PSR 框架构建包括压力、状态、响应三个维度的城市抗涝韧性评估指标体系（Shiyao 等，2023）。

国内学者对城市洪涝灾害韧性的评估指标体系也有不同的思考。有学者从抵御、恢复、适应能力出发构建城市洪涝弹性评估体系（许涛等，2015）；贺山峰等（2022）构建了包括社会、经济、基础设施及生态环境四个维度的评估体系，测度了面临较大洪涝灾害风险的长三角地区的洪涝灾害韧性水平；周铭毅等（2023）从经济、社会、环境、管理四个维度 15 个指标出发构建了评估指标体系，通过 VIKOR 方法评估了广东省 21 个地级市的洪涝灾害韧性水平，并根据敏感性分析结果提出了具有针对性的优化策略。

1.2.3.3 作为结果或过程的韧性表征

学者也研究了韧性建设背景下城市洪涝灾害的防治效果，有两种研究视角：一种是结果导向，依据灾后的结果衡量韧性建设的效果；另一种是过程导向，通过政府部门在灾害发生过程中展现出的应对能力来衡量韧性建设的效果。

结果导向的韧性效果评估，主要关注城市的灾后恢复力。城市洪涝灾害发生后的恢复力与受到的灾害损失有很大关系，学者主要采用投入产出比、灾后损失程度、恢复时间等来反映韧性建设对洪涝灾害的治理效果。洪涝灾害的损失可分为直接损失和间接损失、有形损失和无形损失四种（Hammond 等，2018）。根据《仙台减灾框架》中设立的韧性城市建设目标，城市洪涝灾害损失的评估主要考虑四个方面，即伤亡人数、直接财产损失、基础设施的损毁、公共服务的停滞。

洪涝灾害损失的测量方法也很丰富。投入产出比法通过计算韧性建设投资增加金额与洪涝灾害应对节省金额的比例来反映韧性建设效果。灾后恢复数据也是城市韧性建设效果的直接反映，如洪涝灾害的灾害伤亡人数、财产损失和系统恢复正常功能的时间长度；洪涝灾害带来的经济损失、对居民就业率和收入公平性的影响也是学者关注的重点（Lino 等，2009）；洪涝灾害对居民的身心健康带来的负面影响和城市的公共卫生水平也被学者纳入洪涝灾害的无形损失进行研究（Abrash 等，2021）；分析灾前灾后的人口变化情况也可以计算洪涝灾害带来的后果；灾后的恢复重建工作也可以反映韧性建设效果和资源利用情况，如工程设施的拆除重建费用、保险索赔情况、房屋销售情况等。

部分学者对结果导向的韧性建设效果评估产生了异议，认为此视角虽然考虑了灾害对城市外部冲击带来的短期后果，但忽略了灾害应对过程中使用的具体手段。也就是说，要从灾害治理的全过程出发，洞察影响城市洪涝灾害韧性水平的具体原因，此为过程导向视角。因此，学者采用洪涝灾害之后城市各系统的变化如经济、社会等方面来侧面反映城市的灾害韧性水平，具体指灾害发生后城市是否可以表现出较强的适应能力，这种积极的适应行为是城市具有高灾害韧性的一种表现，大数据技术的发展为灾害韧性的评估提供了更多的技术支持和实现手段（Meier，2013；Choi 和 Lamber，2017）。在降水过程中，采集个人行为通过社交媒体披露的地理标记信息，将其与洪涝灾害区域联系起来可以得到人群感知数据（De Albuquerque 等，2015；Camilo 等，2018），结合天气雷达数据，可以提高政府部门的灾害应急管理决策质量。

1.2.4　城市洪涝灾害治理相关研究

1.2.4.1　城市灾害的治理

传统的灾害治理模式已经不能应对现阶段极端气候频发带来的风险，也无法适应新时代城市的发展要求，"与风险共存+适应能力"逐步成为城市化解灾害风险的重要手段。

一是治理措施。当前洪涝灾害的治理已从单一的结构性措施转变为兼顾非结构性措施。结构性措施主要考虑承灾体的暴露性和脆弱性，关注城市的土地利用情况、基础设施和城市格局规划。但是，结构性措施有其局限性，如当暴雨的降水量超过了防洪措施的最大阈值，就可能出现灾难性后果，这些防洪设施的修建、维护成本较高，同时由于城市生态空间中的湿地、绿地、湖泊等海绵体被破坏，以及居民灾害应急能力存在不足，会产生更为严重的后果。另外，城市发展到现在的规模，其土地格局、建筑体系和地下管网已经成形，短期内难以进行大范围的调整和修建，在此背景下，非结构性措施可以弥补结构性措施中的不足。

二是治理主体。灾害治理一般是自上而下进行的，学者倾向将政府部门作为灾害治理的主体，通过立法、监管和规划实现对灾害的有效预防（Stephen 和 William，2005；Juan，2013）。但是应对城市灾害需要多元主体的参与，除政府部门之外，利益相关者还包括私营机构、民间组织、社会公众等，仅靠单一的权力机构无法应对当前复杂的城市气候灾害。我们应该认识到，灾害治理是需要全人类共同面对的，增强城市的洪涝灾害韧性需要多层次多主体的参与，灾害治理可以推动城市实现韧性水平的长期螺旋式上升。

三是治理过程。灾害治理过程包括灾害发生前的预防、灾害发生时的应急响应和灾后的恢复重建三个阶段。灾害治理是各种政策法规的整合，包括灾前进行危险区域的划定，降低承灾体的暴露性和城市灾害风险，灾害发生时做出应急响应保护居民的人身安全和财产安全，展开应急救援降低灾害对社会、生态、基础设施的破坏。以往的灾害治理关注发生较为频繁的灾害，往往忽视那些低概率但高危险的灾害，而灾害的全过程治理丰富了治理内容的全面性。城市在公共财政、福利和服务提供上的不足，加剧了洪涝灾害治理的难度，地方政府应及时转变灾害治理模式，健全应急预案，打造应急管理信息平台，整合协调各部门资源，以提升城市的洪涝灾害应急治理能力。

综上所述，城市洪涝灾害的治理应该落实到全方位、全过程、全主体，通过改善城市各系统的现有条件或加强响应恢复能力来提升城市的洪涝灾害韧性，可以从经济、社会、工程、生态、制度等维度进行改进。一方面，灾害的治理不能仅靠中央政府自上而下制定的政策、法规，地方政府也应做出适应性调整，使治理举措更符合本区域的实际情况，还需要联合区域内的其他利益相关者，改变互动关系，将其纳入灾害应急响应措施中，实现合作共赢；另一方面，政府部门也应学会整合利用社会资源，降低政府筹集应急救援物资的压力，提高城市的应急能力。

1.2.4.2　城市洪涝灾害韧性建设

城市系统日益复杂，城市空间日益窄迫，城市脆弱性随之加剧，灾害治理的难度也不断增加，如果不提升城市的灾害韧性，就会影响城市的可持续发展，因此，如何提升城市的洪涝灾害韧性逐渐成为学者关注的重点。已有研究包括治理的多层级、组织的学习能力、城市的创新水平、团体的协作效率、区域间的技术流通、社区的自组织和动员、组织的网络化、雨洪保险情况、灾情信息的收集分析等内容（Meriläinen，2020）。当前灾害韧性的研究主要针对灾害的响应和短期恢复（Eugene，2015），但是灾害韧性建设是一个动态的过程，应该从灾害的全过程来考虑，若城市的灾害防御工作做得充足，则可能降低灾害风险或损失。灾害韧性建设是在资源有限和风险加剧、城市脆弱性增强和灾害频发之间寻找平衡点，城市基于过往灾害治理经验，加入韧性理念，重构灾害治理体系和框架，使不可预见或不可控制的灾害变得可预见和可控制，尽量减轻灾害风险对城市系统和公民造成的影响，这需要复杂综合的政策框架为其保驾护航。居民是灾害的直接接触者，也是韧性建设的受益者，有效的灾害治理离不开多主体的合作共建，居民的学习能力和适应能力影响城市灾害韧性水平的提升，同时城市灾害韧性建设也受到经济、社会、工程、生态等系统反馈循环的影响，综合考虑这些影响因素，构建有效全面的评估指标，科学客观地评估城市灾害韧性水平，并进行城市间的比较分析，可以为政府部门提升本区域的洪涝灾害韧性水平提供数据支撑和行动方向。

1.2.5 文献述评

综上所述，国内外学者对"城市韧性""洪涝灾害""灾害韧性"等进行了前期探索研究，得到了较为丰硕的成果，但关于"城市洪涝灾害韧性"的研究仍处于起步阶段，存在进一步提升的空间。

（1）现有文献对"城市系统""洪涝灾害""韧性建设"的概念解读、评估分析非常丰富，但是将城市韧性理念纳入洪涝灾害治理范式，多维阐释城市洪涝灾害韧性的内涵与特征，分析其作用机制的研究较少。

（2）现有文献关于城市面临特定灾害下的压力—状态—响应过程的分析较为丰富，对城市各系统之间的复杂耦合关系也有深入的探讨，但是将灾害过程与城市系统两个经典理论融入灾害韧性评估模型中并展开进一步分析的研究较少。

（3）城市韧性的概念内涵与评估维度在不同学科属性下各有侧重，且大多数文献在全灾种或公共危机情景下展开灾害韧性的讨论，针对某一特定灾害冲击的韧性的研究较少，缺乏关于城市洪涝灾害韧性的评估标准和评估方法。

（4）由于特定灾害的中微观数据获取困难，现有关于灾害韧性的评估尺度多停留在省域层面，且多为对静态截面进行分析，深入城市层面的研究较少，研究方法较为单一，分析视角也较为局限，时空格局方面的研究，仍然缺乏诸如时空转移概率、动态演化特征等方面的分析。

（5）关于多要素协同驱动城市洪涝灾害韧性提升的研究停留在理论分析

层面，缺乏实证层面的组态效应探索研究。

基于此，首先，本书将城市韧性理念嵌入洪涝灾害治理范式，多维阐释了城市洪涝灾害韧性的内涵与特征，基于压力—状态—响应理论、城市复合生态系统理论、灾害韧性理论等分析了其作用机制，构建了包括压力、状态、响应三个维度，经济、社会、生态、工程四个城市系统的评估指标体系。其次，本书基于我国284个地级市2011~2020年的面板数据，采用极差最大化组合赋权模型、核密度分析、ESTDA分析及空间Markov链等多方法多手段相结合对城市洪涝灾害韧性进行了评估，分析了其时空格局演化特征。最后，本书从组态视角出发，基于TOE理论构建了影响城市洪涝灾害韧性提升的组态路径分析模型，运用fsQCA方法探索了多条件相互结合提升城市洪涝灾害韧性的复杂因果逻辑，为灾害韧性城市建设工作提供了可操作的决策思路。

1.3 研究内容

本书基于城市洪涝灾害韧性的内涵特征及作用机制，构建了多维评估指标体系，科学地评估了我国284个地级市2011~2020年的洪涝灾害韧性发展水平，多角度、多方法分析了时空演化特征，并从组态视角出发探讨了影响城市洪涝灾害韧性提升的组态效应。

1.3.1 城市洪涝灾害韧性的概念界定、理论回顾与作用机制分析

首先，结合"城市洪涝灾害""韧性""城市韧性"等概念，从多个维度阐释了研究对象"城市洪涝灾害韧性"的内涵与特征。其次，构建了城市洪涝灾害韧性作用机制分析框架，从灾害演化过程视角和城市复合生态系统视角分析了城市洪涝灾害韧性的作用机制。

1.3.2 城市洪涝灾害韧性评估

首先，基于城市洪涝灾害韧性作用机制，运用系统综述法筛选和归纳了评

估指标，使用 NVivo 软件进行了指标词频统计，并按照一定的原则确定了最终的评估指标体系。其次，采用极差最大化组合赋权优化模型评估了中国 2011～2020 年 284 个地级市的洪涝灾害韧性水平。

1.3.3 城市洪涝灾害韧性的时空现状分析

本书基于中国洪涝灾害韧性的评估结果，从不同维度、不同区域、不同规模城市等方面出发分析了其时间演变特征及波动情况，从综合韧性、压力韧性、状态韧性、响应韧性等维度对比了其空间分布特征，并采用 Kernel 密度估计、ESTDA、Markov 链等方法分析了其动态演进特征和状态转移情况，为后续的组态路径分析提供了数据支撑。

1.3.4 城市洪涝灾害韧性的提升路径分析

本书基于 TOE 理论关注城市洪涝灾害韧性的技术、组织、环境三个维度，分析了影响城市洪涝灾害韧性提升的关键变量，包括风险监测能力、风险预警能力、财政资源供给、政策重视程度、洪涝灾害风险、公众参与程度六个条件，分析了其对城市洪涝灾害韧性的组态效应，并探索了多条件相互结合提升城市洪涝灾害韧性的复杂因果逻辑。

1.4 研究方法与技术路线

1.4.1 研究方法

（1）文献分析法。本书通过对"洪涝灾害""城市韧性""灾害韧性"等相关文献进行梳理和分析，深刻分析了文献脉络，总结了现有研究的不足，并基于对相关概念和经典理论的回顾，对城市洪涝灾害韧性进行了概念界定、多维阐释和特征分析，从灾害演化过程视角和城市复合生态系统视角分析了城市洪涝灾害韧性的作用机制，为后续的实证研究奠定了理论基础。

（2）系统综述法。筛选研究对象的相关影响因素是进行城市洪涝灾害韧性评估的前提与基础，为了能够更加全面、科学地获得各维度的指标，本书采用系统综述法对国内外城市洪涝灾害韧性相关指标进行了梳理和筛选，最终得到了城市洪涝灾害韧性的评估指标体系。SR 软件可以通过科学地搜寻文献，对文献内容进行定性或定量的统计综合分析，评估研究质量，总结研究结果，得出可靠的综述结论。

（3）极差最大化组合赋权法。本书采用 AHP 法确定了指标主观权重，采用熵权法确定了指标客观权重，根据主客观权重确定了指标组合权重的取值区间，以评估结果的方差最大为目标函数，通过优化求解确定了组合权重，该方法可以兼顾主客观赋权法各自的优点，得到的组合权重有较好的解释性，评估结果的误差也较小，适用于本书中研究的综合评估。

（4）时空演化分析系列方法。本书采用 Kernel 密度估计、空间 Markov 链、ESTDA 分析等方法，借助 GeoDa、ArcGIS、Stata、Matlab、R 等软件，对我国城市洪涝灾害韧性的时空分异格局和趋势演化特征进行了描述和可视化分析。具体来讲，首先，采用动态核密度估计，考察了在时间变化和空间情景下，各城市洪涝灾害韧性的空间关联关系；其次，采用全局空间自相关（Moran's I）、局部空间自相关（LISA）、LISA 时间路径和时空跃迁等，分析了城市洪涝灾害韧性的空间分布格局变迁的时间演化过程，探索了其空间集聚与分异规律；最后，采用空间 Markov 链，从城市洪涝灾害韧性水平状态转移的方向和转移的概率方面反映了其动态演进特征。

（5）fsQCA 方法。本书从组态视角出发，审视了前因条件和结果变量的复杂因果关系，探究了 TOE 理论下，技术（风险监测能力、风险预警能力）、组织（财政资源供给、政策重视程度）、环境（洪涝灾害风险、公众参与程度）等前因变量的不同组合是否会导致城市洪涝灾害韧性水平的差异，探索了高韧性实现的多条等效路径。

1.4.2 技术路线

本书围绕城市洪涝灾害韧性的内涵与特征展开了研究，按照"理论框架构建—现状评估—实证分析—组态效应探索"的思路开展了研究。

首先，对韧性与洪涝等相关文献进行了阅读与梳理，从多个维度阐释了城市洪涝灾害韧性的核心内涵。其次，回顾了经典理论，从灾害演化过程视角和城市复合生态系统视角分析了城市洪涝灾害韧性的作用机制，基于此确定了评估指标体系，多方法、多角度刻画了中国城市洪涝灾害韧性的时空现状。再次，探究了影响评估结果的多重前因变量，实证分析了城市洪涝灾害韧性的提升路径，探索了多条件相互结合影响城市洪涝灾害韧性提升的复杂因果逻辑。最后，根据实证结果提出了中国城市洪涝灾害韧性的优化策略和保障机制。本书的具体技术路线如图 1.1 所示。

图 1.1 本书的技术路线

资料来源：笔者采用 Visio 软件绘制。

1.5 创新之处

在研究视角上，本书从灾害演化过程和城市复合生态系统的融合视角出发分析了城市洪涝灾害韧性作用机制，从多个角度剖析了城市洪涝灾害韧性的结构组成，并基于此构建指标体系测度了我国城市洪涝灾害韧性水平。

现有文献对城市面临特定灾害下的压力—状态—响应过程的分析较为丰富，对城市各系统之间的复杂耦合关系也进行了较深入的探讨，但是将灾害过程与城市系统两个经典理论融合起来针对城市在某一特定灾害（洪涝灾害）下的韧性状态展开进一步分析的研究较少。因此，区别于以往从独立视角出发，单独评估灾害韧性或城市韧性的研究，本书构建了城市洪涝灾害韧性作用机制的分析框架，将上述两个经典理论融合起来分析了城市洪涝灾害韧性的作用机制，为后续的实证研究奠定了理论基础。

在研究方法上，本书运用可以兼具主客观权重优点的极差最大化组合赋权优化模型对城市洪涝灾害韧性进行了测度，有效降低了评估结果的主观性和误差性，同时结合 Kernel 密度、变异系数、空间 Markov 链、ESTDA 分析等方法，多角度探索了城市洪涝灾害韧性的时空分异格局和趋势演化特征，运用 fsQCA 实证分析了驱动城市洪涝灾害韧性提升的多重路径，弥补了单一定性或定量分析的不足，使研究成果更加科学可信，并丰富了灾害治理领域复杂因果关系的研究。

由于特定灾害的中微观数据获取比较困难，现有关于灾害韧性的评估尺度多停留在省域层面，且多是对静态截面进行分析，深入城市层面的研究较少，研究方法较为单一，分析视角也较为局限；关于时空格局的分析，仍然缺乏诸如时空转移概率、动态演化特征等方面的分析；关于多要素协同驱动城市洪涝灾害韧性提升的研究停留在理论分析层面，缺乏实证层面的组态效应探索。因此，本书采用多种方法从多个视角分析了城市洪涝灾害韧性的发展现状及动态演进趋势，从实证的角度剖析了高韧性实现的复杂因果逻辑。

在研究内容上，本书将城市韧性纳入洪涝灾害治理范式，对城市洪涝灾害韧性进行了概念界定、多维阐释和特征分析，提出了包括压力、状态、响应三个维度，经济、社会、生态、工程四个城市系统的评估指标体系，构建了"压力、状态、响应、综合"的优化策略与"技术—组织—环境"的保障机制，使对策建议更加务实。

现有文献对于城市韧性的概念解读、评估分析非常丰富，大多在全灾种或公共危机情景下展开灾害韧性的讨论，针对某一特定灾害冲击展开韧性研究的文献较少。城市洪涝灾害韧性内涵丰富、结构复杂，研究对象是受特定灾害（洪涝灾害）影响下城市复合生态系统的韧性水平，本书深入分析了其内涵特征、作用机制并构建了评估指标体系，基于实证结果从多个层面提出了对策建议，深化了城市韧性和洪涝灾害治理的研究，扩展了灾害韧性理论的应用范围。

第 2 章　相关理论基础与概念

2.1　相关理论基础

2.1.1　压力—状态—响应理论

1979 年，Rapport 和 Friend 首次提出"压力—状态—响应"（Pressure-State-Response，PSR）理论，P 表示组织受到的外部压力，S 表示组织现处的状态，R 表示为了缓解压力所采取的各种措施，该模型系统展现了社会与环境之间的耦合作用框架（Susan 等，2008），被广泛应用于气候变化的评估。欧洲环境机构（European Environment Agency，EEA）详细阐释了该模型指标层的含义（Gabrielsen 和 Bosch，2003）。PSR 理论可以反映人类活动与生态环境之间的互动耦合情况，有效解决城市系统的可持续发展问题，刻画人类活动、生态环境与应对措施之间的因果循环关系（孙宇等，2023），具体如图 2.1 所示。

近年来，公共管理、应急管理领域的学者开始尝试将 PSR 理论应用于灾害研究（王江波等，2023）。例如，有学者以灾害风险定量评估框架为基础，将致灾因子、孕灾环境、暴露性、敏感性和适应性与 PSR 理论相结合，构建了适用于国家公园综合灾害风险管理的评估指标体系（王国萍等，2019）；还有学者分析了城市系统面对洪涝灾害的压力、状态、响应过程，构建了城市洪涝弹性评估体系，并根据评估结果提出了区域防洪规划（刘钢等，2018）。

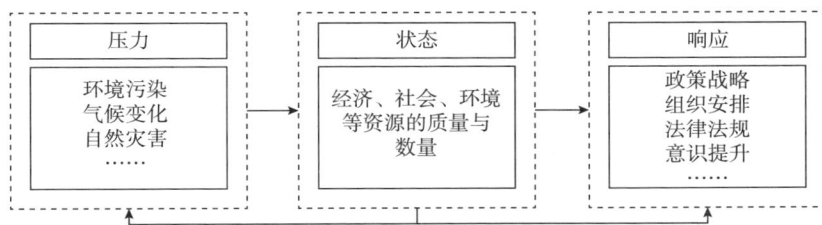

图 2.1　PSR 基本理论

资料来源：笔者使用 Visio 软件绘制。

2.1.2　社会—经济—自然复合生态系统理论

20 世纪 80 年代，马世俊和王如松提出了社会—经济—自然复合生态系统理论（Social-Economic-Natural Complex Ecosystem，SENCE），认为城市是以人的行为为主导、自然环境为依托、资源流动为命脉、社会文化为经络组成的生态功能统一体（王如松等，2014）。其中，自然子系统是由水、土、气、生、矿及其间的相互关系构成的人类赖以生存、繁衍的生存环境；经济子系统是指人类主动地为自身生存和发展组织有目的地进行生产、流通、消费、还原和调控活动；社会生态子系统由人的观念、体制及文化构成。三个子系统之间的耦合作用，影响了城市整体的发展与演进方向。

SENCE 理论的最终目的是在环保中发展经济与社会，被广泛应用于城市相关研究，如评估城市的系统生态位、基于 SENCE 的城市景观格局优化、城市生态交通评估等。也有部分学者将 SENCE 理论与韧性理念相结合，以探究城市复合生态系统的灾害适应能力（薛冰等，2022）。相关研究为本书基于 SENCE 理论分析城市洪涝灾害韧性奠定了理论基础。

2.1.3　灾害韧性理论

韧性是指系统或组织面对风险或冲击时，具备抵抗、吸收、适应、转化及快速恢复到稳定状态的能力，通过风险管理来治理和恢复其基本结构和功能。传统的风险管理的主要目的是减少或降低损失，韧性理论则侧重在减少风险的同时，将风险转化为机遇，进一步完善组织或系统，促使其进行创新和转型，从而达到新的动态平衡。韧性理论的核心是"适应性循环"，系统或组织在四个阶段中循环发展：更新/重建阶段、成熟/保育阶段、开发/成长阶段和释放/孕育阶段，并在动态变化中实现平衡。

灾害韧性是系统或组织对自然灾害风险冲击的韧性水平，针对的是各种自然灾害，属于狭义的特定韧性研究范畴。联合国国际减灾战略对灾害韧性进行了界定，囊括了传统灾害风险管理中的危险性、暴露度、脆弱性、防灾减灾能力等主要因素，更强调系统或组织面对灾害冲击的抵御、吸纳和恢复能力。从灾害防治角度出发，灾害韧性应包括减轻或降低灾害冲击的能力、从灾害中快速恢复的能力、适应灾害风险的能力。

2.1.4 TOE 理论

2.1.4.1 TOE 理论的含义

"技术—组织—环境"框架（Technology - Organization - Environment, TOE）是 Tomatzky 和 Fleischer 在 1990 年提出的理论，该理论以创新扩散理论为基础，将其拓展到信息技术创新采纳的领域（Ansong 和 Boateng，2018），认为企业或组织技术创新采纳能力的影响因素主要包括技术、组织与环境三个维度。其中，技术维度主要涵盖技术表现出来的相关特征，如现有技术的兼容性和成本，将要采纳的技术的可获得性、适用性、突出优势等；组织维度主要涵盖组织的内在特征，如组织的规模、资源、文化、结构、类型等；环境维度主要涵盖组织的外部环境，如所处区域的制度环境、宏观经济环境、竞争对手的情况、市场监管水平、政府支持力度等。三个维度的影响因素相互作用，共同影响企业的技术创新采纳。

2.1.4.2 TOE 理论的应用

随着跨学科研究的兴起，具有普适性的 TOE 理论也被灵活应用于技术创新之外的其他研究，学者根据研究需求对 TOE 理论进行适应性调整。现在 TOE 理论被广泛应用于数字政府、应急管理、智慧城市、企业转型等管理学科。在应急管理领域，TOE 理论多被应用于灾害成因及特征分析、灾害风险评估、灾害预警能力的相关研究。

王国桥等（2022）基于 TOE 理论，构建了风险监测设施、预报发布接收设施、注意力强度、预案完善程度、组织资源禀赋、公众参与程度六个影响灾害公共预警效率的条件组态，对我国 2014～2021 年 40 个洪涝灾害案例进行了组态分析，发现预案完善度严重影响灾害公共预警的效率，并归纳了注意力主导和预案主导两种高效率灾害公共预警生成模式。李艳飞等（2022）将 TOE 理论与应急恢复弹性双维理论相结合，提出了七个影响地方政府应急能力的条件变量，以我国 31 个省份的面板数据为样本，结合模糊集定性比较方法（fsQCA）探寻了提升区域应急能力的组态路径。郝文强和孟雪（2021）基于 TOE 理论，运用 fsQCA 形成了技术依赖型、领导驱动型、政策支持型三条组合路径。徐敏曼（2021）借助 TOE 理论，从技术、组织、环境三个维度揭示了政府在应对洪涝灾害时发生履职问题的内在原因。

2.1.4.3　TOE 理论与本书中研究主题的适配性

学者对 TOE 理论的丰富应用，为本书前因变量的选择提供了一定的实践基础，证明了 TOE 理论对本书研究内容的适用性。影响城市洪涝灾害韧性的前因变量有很多，如何识别出关键影响因素，需要进行丰富的理论研究，通过特定的框架和方法将影响因素限定在某些条件范围内。TOE 理论可以从技术、组织和环境三个维度为前因变量的识别提供思路，为后续的实证研究提供参考。但是，TOE 理论只是为寻找前因变量提供了一种思路，在实际研究中，并不能直接给出影响因素，尤其 TOE 理论原本是应用于企业技术创新领域的，在与应急管理领域相结合的过程中可能会存在不适用的情况，所以学者在实证研究之前，大多先根据理论与实情对 TOE 理论展开调试和补充，因此，本书需要先结合理论和学者已往的研究，归纳总结出所需的影响因素，再将其纳入 TOE 理论中展开进一步分析。

2.2　城市洪涝灾害韧性的相关概念

2.2.1　城市洪涝灾害

城市洪涝灾害是指由于强降雨、地形地貌、土地利用变化等自然因素或人为因素导致城市内部或周边河流水位上涨，超过排水系统或河道的承载能力，造成城市内部或周边地区发生暂时性的水淹。根据我国气象局制定的降水强度等级划分标准，暴雨可分为一般暴雨、大暴雨和特大暴雨三类。暴雨带来的城市洪涝是一种复杂的自然灾害，具有以下几个特征。

（1）频发性。由于全球气候变化和城市化进程的加速，极端降水事件的频率和强度都有所增加，城市洪涝发生的可能性和次数也随之增加。

（2）破坏性。城市洪涝灾害会对城市基础设施、公共服务、社会经济活动和人民生命财产安全造成严重的损害，甚至引发次生灾害，如交通中断、电力中断、疾病传播等。

（3）不确定性。城市洪涝灾害的发生受多种因素的影响，如降水量、降雨强度、降雨持续时间、土地利用类型、排水系统状况等，这些因素之间存在复杂的非线性关系，使城市洪水的时空分布和程度难以被准确预测。

（4）可防性。城市洪涝灾害是一种可以通过科学合理的规划、设计、建设和管理来有效防治的灾害。改善城市排水系统、提高城市生态系统服务功能、建立完善的预警和应急机制等措施，可以降低城市洪水的风险和损失。

2.2.2 城市韧性

韧性最早源于应用科学，用于描述材料的稳定性及其对外部冲击的抵抗力（Rose，2006），韧性理念的发展经历了四个阶段：①20世纪60年代，霍林将韧性引入生态学领域，将其定义为"在系统改变其结构之前可以被吸收的扰动的大小"，为韧性理念的奠基阶段；②20世纪90年代，学者在城市规划中开始考虑韧性的概念，以应对调整社会和制度框架的环境威胁，如气候变化的挑战或灾后经济的回弹（Cutter等，2010），此为韧性理念的扩展阶段；③进入21世纪，霍林将韧性理念的研究拓展到社会生态学领域，并成立韧性联盟展开了多层次和跨学科研究，此为韧性研究的繁荣阶段；④现阶段，学者已将韧性理念进一步拓展到灾害领域（黄晨等，2021），丰富了灾害研究的范式，促进其从脆弱性向韧性转变（廖玉芳等，2018）。

同时，不同学科的学者对韧性理念的解读，也存在诸多分歧，本书通过整理国内外相关文献，将其概括为四种类型：①扰动说，该观点源于工程系统韧性，强调城市系统在维持现有状态的同时应具备应对干扰的能力（Price，2004）；②能力恢复说，该观点源于生态系统韧性，强调城市系统在遭受灾害或变革后，能稳定维持基本功能的能力（Marjolein 和 Bas，2016）；③学习适应说，该观点源于系统演进韧性，强调城市系统的各个组成部分在面临压力或突发震荡的情况下，能适应环境并持续发展的能力（Resilience Alliance，2018）；④阶段演进说，该观点源于韧性系统的作用过程，强调城市系统面对外来冲击可以自我修复、适应新变化并进行学习的能力。韧性理念经过不断地拓展，逐渐开始囊括城市的社会、经济、空间、自然等系统的内涵，逐步形成一个圈层结构，如图 2.2 所示。

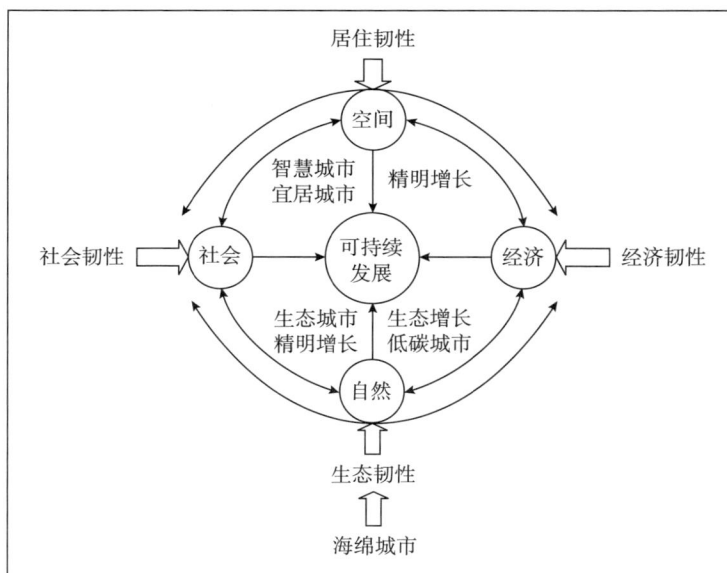

图 2.2　城市韧性理念关系

资料来源：笔者使用 Visio 软件绘制。

学界将韧性理念融入城市复合系统，形成了城市韧性理念，从韧性理念的不同发展阶段我们可以看出，学界对城市系统运行机制的研究不断深入。城市作为一个复合生态系统，一旦受到冲击且带来的影响较大时，即使恢复稳定，也不太可能回到之前的状态，而工程韧性的思想更加关注后续恢复情况，所以该思想存在一定的局限性。生态韧性也是围绕均衡论展开的，虽然相较工程韧性更为全面，但仍然不适用于不断演化更替的城市系统。城市系统内的各主体持续进行着学习、创新和思想行为方面的调整，为城市系统的演化提供了源源不断的动力，增加了城市系统的复杂性和非均衡性，应该从动态演化的视角来看待城市韧性。由于学科领域不同，学者对城市韧性的概念界定也存在差异，本书总结梳理了不同学者对城市韧性的概念界定，如表 2.1 所示。从表 2.1 可以看出，不同学科领域界定的城市韧性理念虽有不同，但都强调韧性城市应该具有抵抗力、恢复力和学习能力。本书总结了城市韧性具有的核心能力及其具体释义，如表 2.2 所示。

表 2.1　城市韧性的概念界定

研究领域	城市韧性概念	代表学者或机构
城市规划学	城市应对危机的能力，能够抵御风险并快速恢复到稳定状态	UN-Habitat（1996）
	通过合理准备，预防和应对不确定风险，保证公共、社会和经济等的正常运行	邵亦文和徐江（2015）
社会学	韧性城市是可持续的资源和人类活动相叠加的产物，人类活动是资源利用的关键和基础	David（2003）
生态学	城市消化、吸收外界冲击，并维持原来的结构和功能	Resilience Alliance（2018）
经济学	遭受外生冲击后，经济能够回到原来的增长水平	Marina 等（2003）
管理学	个人、社区或机构面对冲击能够有效应对、动态响应	Anna 等（2012）
灾害学	由基础设施、制度、经济和社会等韧性维度组成，基础设施韧性是关键，影响生命线工程的畅通和城市的应急反应能力	Jha 等（2013）
地理学	城市系统及其所有组成部分，在时间和空间尺度上受到冲击时，能保持或恢复关键功能并能适应未来变化的能力	Sara 等（2016）
	个人、社区、机构、企业等，在面临风险和冲击时，能够存续、适应、并进一步发展或转型的能力	Rockefeller Foundation（2020）

资料来源：笔者整理获得。

表 2.2　城市韧性具有的核心能力

能力	释义
抵抗力	城市承受干扰的能力，城市在现有的结构和功能下，可以遭受的最大破坏程度（Partridge 等，2022）
恢复力	城市在遭受冲击后，可以恢复到之前状态的能力，恢复速度越快，表示城市的韧性越强

能力	释义
学习能力	城市对未来情况的适应能力，表明城市不仅可以快速恢复到原有状态，还能从冲击中吸取经验，达到更高状态（钟琪和戚巍，2010）

资料来源：笔者整理获得。

2.2.3　城市洪涝灾害韧性

学界将城市韧性理念应用于城市洪涝灾害治理，形成了"城市洪涝灾害韧性"。韧性城市是包含多个子系统的综合系统，内部要素相互关联耦合发展，一个要素的变动会波及整个系统的变化，所以相比传统的灾害防治策略，将"韧性"概念引入城市洪涝灾害治理中，强调通过城市系统的韧性建设，来缓解洪涝灾害发生过程带来的冲击和影响，从而降低整个城市的洪涝灾害风险，提升灾害防治能力，这种以其前瞻性、目标为导向的发展方式为城市抵御洪涝风险提供了可持续化发展的新思路。

城市洪涝灾害与韧性城市理念具有高度契合性，相关概念主要有"城市雨洪韧性""城市韧性承洪""城市抗涝韧性""城市内涝韧性""城市洪涝灾害韧性"等，主要指城市可以避免、准备及响应雨洪灾害，降低灾害对经济社会的影响或快速从灾害中恢复过来，其概念中的"韧性"是相对城市复合生态系统的脆弱性来说的。传统的灾害治理是"抵御"和"控制"，如防洪工程设施有明确的承载极限，当灾害强度超过容量"瓶颈"时，系统就会被破坏以致失效，同时城市受建设成本的影响，设置的防洪排涝设施的建设标准较低，难以应对当前城市发展的需求和不确定风险的冲击。这种通过加强防洪工程措施取得的平衡，虽然可以把城市打造得"固若金汤"，但忽视了灾害发生过程中，城市其余子系统韧性应对的重要性。城市复合生态系统被赋予"韧性"后，灾害防治范式发生了转变，转变为"适应"和"利用"，当城市面临洪涝灾害这种外部风险时，系统内部要素受到重大影响，产生相应变动的过程。一个具有洪涝灾害韧性的城市，要减少或抵御风险或灾难，减少现在或未来灾害冲击带来的损失，就必须积极建立预防机制，实施相关措施应对灾害，快速从灾害中恢复过来并达到更好的状态，使城市复合生态系统更具包容性。

在此逻辑下，本书对城市洪涝灾害韧性的内涵进行了界定。第一，城市韧性理念刚好在现阶段契合洪涝灾害治理的需求，因此，本书将城市韧性理念嵌入洪涝灾害治理范式，进行灾害的预防和管理，随着城市各系统的不断发展、相关技术的进步和气候风险的变化，人们可能会产生更先进的理念来抵御城市洪涝灾害风险。第二，关于韧性维度，洪涝灾害作用于城市，而城市复合生态系统是由经济、社会、生态、工程等子系统构成的，由此衍生的城市洪涝灾害韧性也应包括经济韧性、社会韧性、生态韧性、工程韧性四个维度，同时由于灾害发生是一个循环往复的过程，且气候灾害与人类活动息息相关，因此也应结合 PSR 进行韧性分解，将城市洪涝灾害韧性分解为压力韧性、状态韧性、响应韧性三个维度。第三，关于作用对象，城市洪涝灾害韧性是针对特定灾害的韧性建设，所以属于狭义的特定韧性研究范畴，即城市作为一个复合系统，面对洪涝灾害风险，会进行预防、准备、响应、恢复重建的过程，在这个过程中城市系统具备抵抗、恢复和适应的能力。

本书从特定韧性角度出发对城市洪涝灾害韧性进行再界定，认为韧性城市框架下洪涝灾害治理的内涵应结合城市复合生态系统的压力、状态、响应情况以及各子系统的耦合协调关系进行阐释。基于此，本书将城市洪涝灾害韧性界定为：城市复合生态系统在面临洪涝灾害的压力时，具有承受灾害冲击并具有维持系统稳定的能力；当灾害发生时，城市具有良好的应对状态，可以积极展开应急响应并进行系统的自我调节，降低城市系统内部要素受到的损失；灾后恢复过程中，城市复合系统可以通过人为干预恢复原有状态或达到新平衡状态，以预防未来灾害冲击的能力，即具有抗干扰能力，迅速恢复能力，吸收、适应洪涝风险能力，不断演进能力。

结合 PSR 理论，城市洪涝灾害韧性可以从压力韧性、状态韧性、响应韧性三个维度阐释。其中，压力韧性是指城市系统面临洪涝灾害入侵时的脆弱性，包括灾害风险的大小和灾害带来的损失情况，风险越大，损失越大，城市的脆弱性越高，城市的压力韧性水平就越低；状态韧性是指城市系统受到洪涝灾害冲击时，表现出的稳定状态，即孕灾环境与承灾体的状态，体现了城市洪涝灾害韧性的鲁棒性、冗余性等特征，反映了城市系统对灾害压力的承受能力；响应韧性主要是指洪涝灾害发生后，城市主体（承灾体）在洪涝灾害作用下各系统通过采取应急响应措施来应对灾害与快速恢复系统功能的能力，体现了城市洪涝灾害韧性的包容性、反思性与灵活性等特征，城市各主体会齐心协力共同应对洪涝灾害的压力并总结经验和教训为下一次灾害的冲击做更充分的准备。

结合 SENCE 理论，城市洪涝灾害韧性可以从经济韧性、社会韧性、生态韧性、工程韧性等维度阐释。经济韧性是指城市通过调整经济结构、改变经济增长方式，有效应对洪涝灾害的冲击，确保经济能够可持续发展，即在灾害冲击后，能够成功复苏并实现稳步增长。社会韧性是指城市具有丰厚的社会资源储备和较强的社会保障能力，能够有效缓解洪涝灾害带来的影响，阻止风险的进一步扩散。通过充分的社会动员和社会参与，公民有能力且有意愿参与灾后自救和互救，减轻灾害对自身的冲击，帮助社会快速恢复秩序。生态韧性是指城市的生态系统能够最大限度地化解洪涝灾害的冲击，及时恢复到稳定状态，保障城市的生态安全和可持续发展，强调良好的生态环境，如雨洪渗透能力可以降低生态脆弱性、提高洪水承载力。工程韧性是指城市的生命线工程的规划、设计、建造和运行方式能够有助于预测、防范、适应不断变化的洪涝灾害风险，在灾害冲击下其主要形态和功能基本稳定，并能在短时间内得到恢复，有效规避洪涝灾害所造成的生命财产损失。

与城市韧性的特征类似，城市洪涝灾害韧性的特征也主要体现在以下几个方面。

（1）城市洪涝灾害韧性的鲁棒性：面对洪涝灾害的冲击，城市各系统能够维持当前城市的结构和功能的稳定运行。

（2）城市洪涝灾害韧性的冗余性：面对洪涝灾害的冲击，城市的某些系统遭到破坏或损毁后，可以通过备用设施或系统来替代，保证城市功能的正常运转。

（3）城市洪涝灾害韧性的及时性：面对洪涝灾害的冲击，政府及利益相关者能够及时发现问题、整合调动各类资源，积极有效地解决问题，减缓灾害带来的损失，城市各系统能够快速地组织恢复重建工作，实现功能的有序运转。

（4）城市洪涝灾害韧性的反思性：洪涝灾害发生后，城市的各主体可以总结经验教训，调整洪涝灾害治理手段，更好地应对未来的灾害风险。

（5）城市洪涝灾害韧性的包容性：当洪涝灾害发生时，各主体能够进行有效协作，居民也具有应对洪涝灾害的意志和能力，社会凝聚力较强。

（6）城市洪涝灾害韧性的灵活性：洪涝灾害发生前，政府部门可以利用新技术对灾害进行监测预警、模拟演练，以便灾害来临时可以灵活应对。

2.3　本章小结

本章界定了本书研究的核心概念"城市洪涝灾害韧性"，明确了研究对象；并结合灾害韧性理论、PSR 理论和 SENCE 理论，将城市韧性理念嵌入洪涝灾害治理范式，对城市洪涝灾害韧性进行了概念界定，从压力、状态、响应维度及经济、社会、生态、工程四个城市系统对其做了进一步阐释以及特征分析，借此为后续分析其作用机制搭建和奠定理论基础。

第3章 城市洪涝灾害韧性的作用机制分析

3.1 城市洪涝灾害韧性的作用机制分析框架

在气候变暖、洪涝灾害频发的时代背景下，城市洪涝灾害韧性建设对实现洪涝灾害治理范式的转变至关重要。本章将"城市韧性"理念应用于城市洪涝灾害治理，进而形成"城市洪涝灾害韧性"，从 PSR 理论、SENCE 理论、灾害韧性理论等经典理论出发，对城市洪涝灾害韧性作用机制进行了深入探索，构建了如下内容。

第一，基于 PSR 理论分析城市灾害韧性的作用机制，即从"压力、状态、响应"三个维度分析城市灾害韧性的结构组成和逻辑内涵；第二，基于 SENCE 理论分析城市韧性的作用机制，即从"经济、社会、生态、工程"四个维度分析城市韧性的结构组成和逻辑内涵；第三，基于 PSR 理论、SENCE 理论分析城市洪涝灾害韧性的作用机制，将 PSR 理论与 SENCE 理论进行融合，分析了城市洪涝灾害韧性作用机制，为后续的韧性评估及现状分析提供理论基础。综上所述，本章构建了相应的作用机制分析框架，以明确城市洪涝灾害韧性的内容特征和逻辑关系（见图 3.1）。

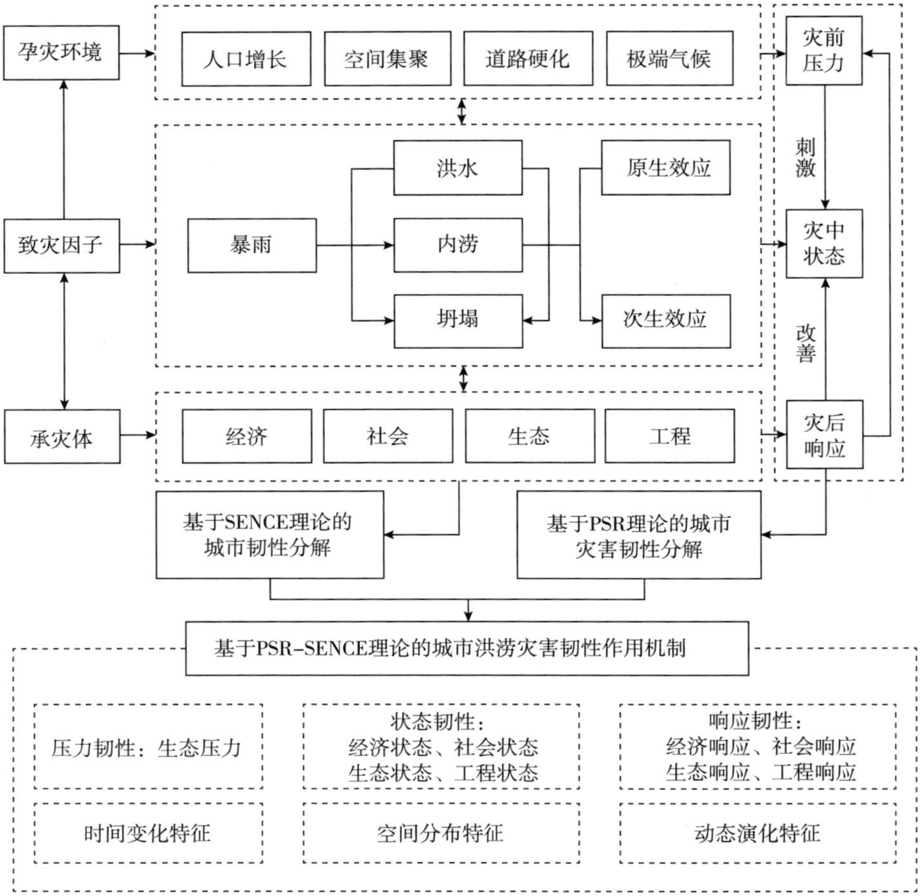

图 3.1　城市洪涝灾害韧性的作用机制分析框架

资料来源：笔者使用 Visio 软件绘制。

3.2　基于 PSR 理论的城市灾害韧性分解

3.2.1　基于 PSR 理论的灾害韧性结构组成

洪涝灾害的形成与发展具备过程属性，城市在面临洪涝灾害压力时，以当前状态抵御洪涝灾害，积极响应逐步恢复到平稳状态这一过程是动态循环的。部分学者从灾害发展过程出发分析了城市灾害韧性的影响因素，考察了城市系统的灾前压力、灾中应对及灾后恢复的动态演替情况。PSR 理论是灾害评价学科中常用的理论模型，该模型通过"原因—效应—响应"的逻辑思路，分析人类的社会经济等活动与自然环境的相互作用机制，可以准确描述城市灾害韧性的过程属性，并基于此构建评估指标体系，深入探讨洪涝灾害下城市系统面临的压力、承灾状态及做出的反馈（陈丹羽，2019）。本章结合 PSR 模型，从洪涝灾害这一特定灾害视角出发，将城市灾害韧性的演化过程分解为灾前压力、灾中状态、灾后响应，如图 3.2 所示。

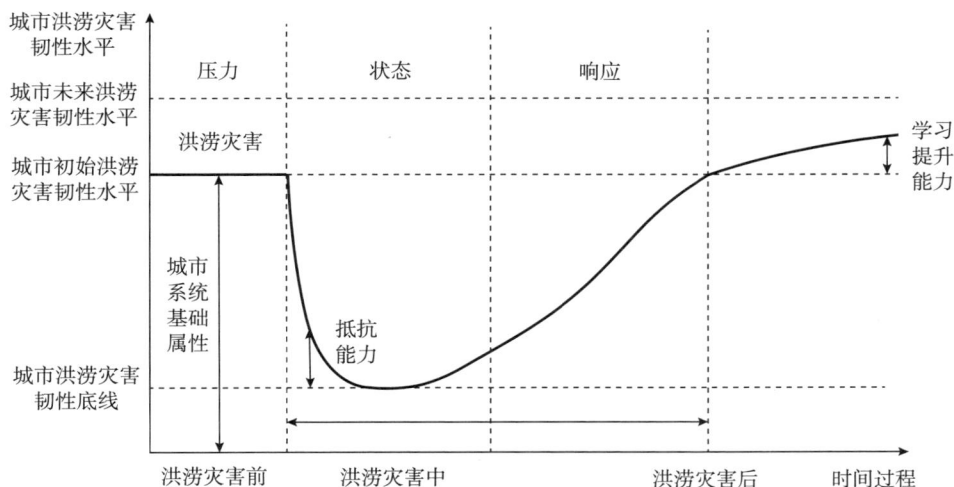

图 3.2 城市洪涝灾害韧性的 PSR 过程

资料来源：笔者使用 Visio 软件绘制。

3.2.2 基于 PSR 理论的灾害韧性逻辑内涵

3.2.2.1 城市洪涝灾害韧性的"压力"

灾前压力韧性是指城市系统面临洪涝灾害入侵时的脆弱性，包括灾害风险的大小以及灾害带来的损失情况，风险越大，损失越大，城市的脆弱性越高，城市的压力韧性水平就越低。本章绘制了压力与城市灾害韧性随时间变化的动态模型（见图 3.3），以及不同压力下城市灾害韧性的表现（见图 3.3、图 3.4）。

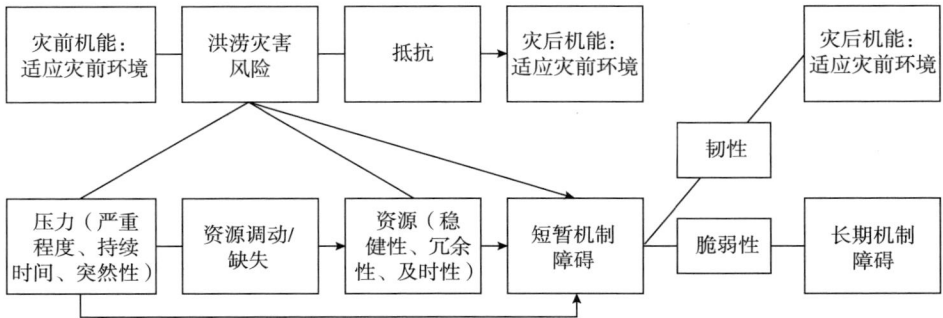

图 3.3　压力与城市灾害韧性随时间变化的动态模型

资料来源：笔者使用 Visio 软件绘制。

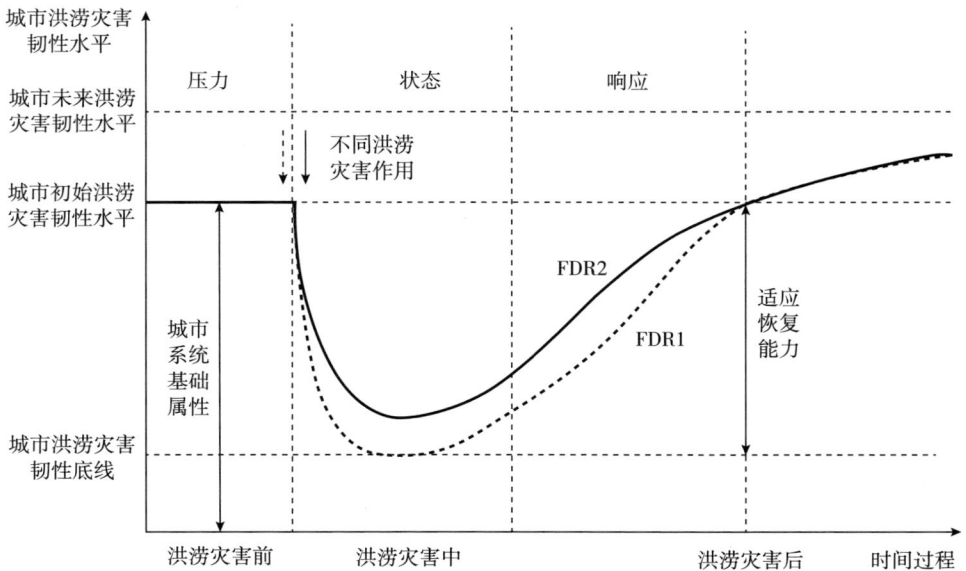

图 3.4　不同压力下城市灾害韧性的表现

资料来源：笔者使用 Visio 软件绘制。

城市洪涝灾害的形成过程离不开自然和社会的相互作用，这些因素之间耦合产生的影响成为灾害风险的原始驱动力，如城市的快速扩张、人口的急剧增长、生态的破坏等。这种驱动又通过全球变暖、暴雨频发、集中降水等形式反馈给自然和社会，给城市系统的平稳运行带来了压力。Norris 等（2008）将城市系统面临的风险和冲击看作城市系统的压力，构建了城市系统韧性受压力影响的时序动态模型，考察压力大小、持续时间、发生频率对城市系统功能造成的冲击程度。当城市各系统的发展基础保持一致时，韧性水平较高的城市，其灾害压力小于韧性水平较差的城市，同时其系统功能受到的冲击也较小；同等城市基础条件下，FDR2 曲线受到的压力小于 FDR1，其受到的功能损失较小（见图 3.4）。洪涝灾害是一种突发性较强，不确定风险较大的压力，城市洪涝灾害的压力韧性对整体韧性水平具有较大影响。

3.2.2.2　城市洪涝灾害韧性的灾中"状态"

灾中状态韧性是指城市各系统面临洪涝灾害冲击时所处的状态，城市系统的状态越好，越不容易被洪涝灾害破坏，灾害带来的损失就越低，对应的韧性特征为鲁棒性、冗余性等。本章绘制了不同状态下城市灾害韧性的表现，如图3.5 所示。

城市系统在常态化运行过程中，遭到了非常态化的洪涝灾害冲击，在灾害刚来临阶段，当城市主体尚未做出任何应对措施时，此时主要依靠自身复合系统及相关资源的实时"状态"来应对灾害风险，这种"状态"就是城市抵御灾害的前提，体现出城市洪涝灾害韧性的鲁棒性、冗余性等特征。当城市复合系统能够在灾害冲击下维持当前城市结构和功能的稳定运行时，此时体现鲁棒性特征；当城市的某些系统遭到破坏或损毁后，可以通过备用设施或系统来替代，保证城市功能的正常运转，此时体现冗余性特征。当城市系统的鲁棒性与冗余性不足时，城市的部分功能失效，整个社会就会陷入紊乱状态。城市的洪涝灾害风险越大，对城市系统的鲁棒性与冗余性要求越高，面对同等规模的洪涝灾害，韧性水平越高的城市，越不容易陷入紊乱状态，灾后恢复也会越迅速。

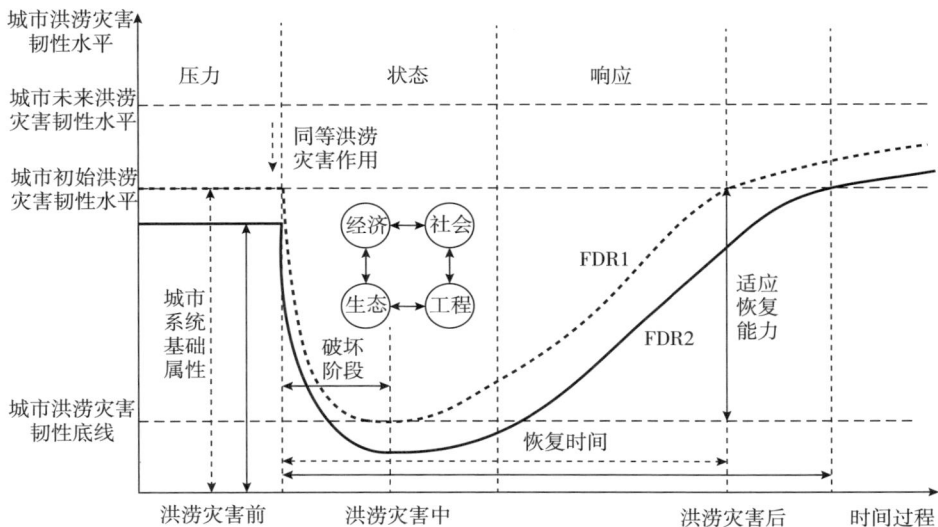

图 3.5   不同状态下城市灾害韧性的表现

资料来源：笔者使用 Visio 软件绘制。

3.2.2.3   城市洪涝灾害韧性的灾后"响应"

灾后响应韧性是指城市系统在洪涝灾害发生后的恢复能力和面对新状态的适应能力，主要体现为城市系统采取的应急响应措施，对应的韧性特征为包容性、反思性、及时性、谋略性等。

洪涝灾害会对城市居民的生产生活、经济发展、工程设施及生态环境等造成显著影响。面对这种风险的冲击，城市主体（政府、居民、组织等）应采取各种应对措施，以降低灾害带来的影响和损失，快速恢复城市的各项系统功能，使其重新运作起来，同时要总结此次的经验与教训，为下一次应对灾害的冲击做更充分的准备。这种灾后"响应"体现了城市洪涝灾害韧性的及时性、包容性及反思性等特征，是城市系统不断进行调整、适应外部冲击的动态过程，有助于促进城市洪涝灾害韧性的提升，据此，本章绘制了不同响应下城市洪涝灾韧性的表现，如图 3.6 所示。

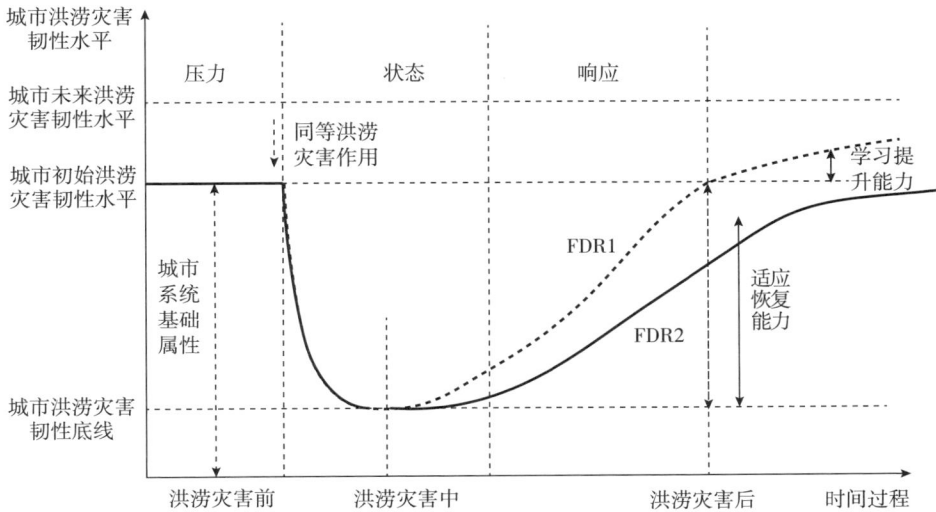

图 3.6　不同响应下城市洪涝灾害韧性的表现

资料来源：笔者使用 Visio 软件绘制。

3.3　基于 SENCE 理论的城市韧性分解

3.3.1　基于 SENCE 理论的城市韧性结构组成

对于城市韧性的研究，大多数学者从城市复合系统的适应能力出发构建了综合评估体系，认为城市的韧性水平主要受经济、社会、生态、工程等城市系统的影响。城市系统是由人类活动和环境耦合运作形成的，各子系统分别由不同的要素组成，各要素在复杂的耦合作用下，有机地结合成子系统，要充分了解城市各子系统的核心要素，就要分析城市系统要素间的反馈关系。经济系统是城市韧性发展的动力条件和有力支撑，给予城市韧性建设资金支持，改善城市的形态、扩大城市的规模；社会系统是城市韧性发展的保障和持续条件，承载着一定的人口数量、资源利用与开发，维持着社会治安和公平性；生态系统是城市韧性发展的空间载体，主要作用是保障生态环境功能和生态产品供给，关系着民生福祉与城市健康发展；工程系统是城市韧性发展的物质基础，保障城市系统的正常运行和人民的健康发展，体现人居环境和城市综合承载力。正常状态下，城市韧性具有一定的稳定性，其中工程系统、生态系统是发展的基础，属于先决条件，调整它们较为困难；经济系统和社会系统由人类活动形成，可以适当调控，以改善城市系统的恢复力和适应性，据此，本章绘制了城市韧性的构成图，如图 3.7 所示。

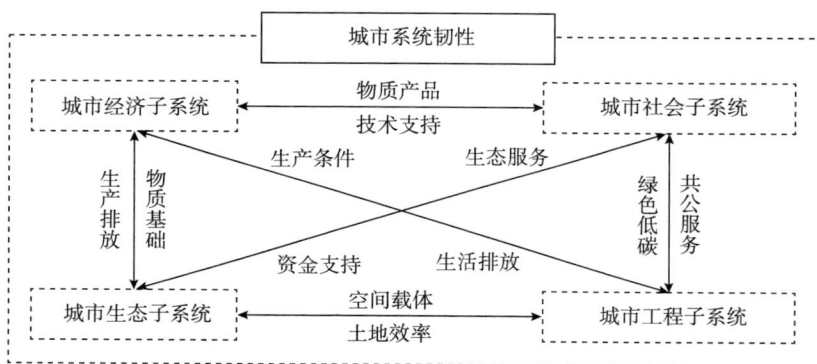

图 3.7　城市韧性的构成

资料来源：笔者使用 Visio 软件绘制。

3.3.2　基于 SENCE 理论的城市韧性逻辑内涵

3.3.2.1　经济系统是城市韧性发展的内在动力

城市的经济水平体现在发展速度和发展质量上，包括产业结构、技术结构、发展效率、技术创新能力等，显著影响城市灾害韧性的发展。一个城市的经济水平决定了其洪涝灾害韧性的建设速度，以及城市公共安全建设和人们生产生活的水平与质量的上限，当一个城市的经济系统因遭受冲击而崩溃时，城市也将面临破产，因此，经济韧性起着调节和控制的作用，是城市洪涝灾害韧性的基础和原动力。

3.3.2.2　社会系统是城市韧性发展的保障

社会系统主要包括居民的整体素质、医疗健康水平、社会公共服务等方面。完善的社会保障机制、牢固的公共安全防线、良好的城市治安状况等可以为城市的有序发展和环境治理提供支撑。人力资源是城市发展的基础要素，社会公众的智力发展、科学素养推动着科技的发明与进步，影响着城市的科技创新能力；是城市发展的关键要素和内在动力，居民自身的素质越高、韧性水平越高，越会带动城市社会系统的韧性水平提升，直接影响城市其他子系统的韧性水平，从而影响整个城市的安全发展。城市居民的健康发展也离不开医疗卫生服务等社会保障，和谐的社会氛围、良好的治安环境，可以确保人民生活和社会生产的正常进行。

3.3.2.3　生态系统是城市韧性的空间载体

生态系统为人类的生产生活、经济社会的发展提供了空间，决定了人类活动的环境条件，影响人们的身体健康。人们通过社会活动向环境中排放各种垃圾和废物，此时生态环境就需要充当分解者的角色，对其进行处理和再利用，维持生态系统的正常循环。人是城市系统运转的主体，而城市生态系统的自净能力不足以满足人类社会活动的需求，因此，还需进行人工干预，加快生态系统的分解和循环。但高密度的人口和建筑也给城市的生态环境带来了压力，城市的环境承载力约束着城市的人口规模和活动强度，限制着城市的经济和社会发展速度。

城市的快速发展对环境造成了影响和破坏，导致生态问题日益突出，这就要求城市不能无序无度地进行开发建设，生态环境的安全影响着城市系统的正常运转。资源丰富、环境优越的地区，更能吸引资本和人才的集聚，该区域的发展速度就会加快。但是物资缺乏、环境脆弱的地区，往往发展较为缓慢。当城市投入更多的资金成本进行生态保护和治理，引用新技术降低污染物的排放和对环境的影响时，生态环境也会回馈城市，为人类提供更好的生活环境，为经济和社会发展提供更好的空间载体，进一步提升城市系统的韧性。

3.3.2.4　工程系统是城市韧性发展的物质基础

随着城镇化的发展、人口的聚集，城市的各项工程设施承载力会超负荷，矛盾和问题也会日益凸显，在面临外界冲击和风险时，也显得越发脆弱，不堪重负，这进一步限制了城市的高速发展。对于城市系统来说，工程设置中的供电、供热、供水、燃气、通信等生命线是保障人类活动和社会发展的关键因素，为居民提供了宜居安全的生活环境。因此，工程系统是城市洪涝灾害韧性建设的基础，工程系统发展程度影响着城市洪涝灾害韧性水平的高低。

工程韧性也影响着生态韧性和社会韧性的发展，对提高城市洪涝灾害韧性具有促进作用，城市生命线工程影响着一个地区发展的效率，进一步影响着城市经济、社会和生态等系统的运作。有学者构建了城市工程韧性机能曲线模型，分析在引入新技术的情况下城市工程系统机能的恢复情况。国内学者从合肥市的市政设施现状出发，提出了城市工程设施韧性建设框架（吴浩田和翟国方，2016），提出政府应加强与 NGO 的协作机制，打造多层级应急预案联动体系，强化公民的灾害意识。因此，城市工程设施"生命线"韧性的高低，会影响城市其他子系统的持续稳定发展。

3.4 基于 PSR-SENCE 理论的城市洪涝灾害韧性作用机制

3.4.1 PSR-SENCE 理论的融合性

城市洪涝灾害韧性内涵丰富、结构复杂，研究对象是受特定灾害（洪涝灾害）影响的城市复合生态系统的韧性水平。PSR 理论和 SENCE 理论可以从不同视角展开对城市洪涝灾害韧性的分解。PSR 理论对研究对象的解析有较强的系统性，强调因果逻辑的动态循环关系，SENCE 理论以城市系统为基础，考虑经济、社会、生态、工程方面的指标，考察研究对象的复合性、系统性和归属性。从两个理论对研究对象的分解及其的逻辑关系来看，一方面，城市洪涝灾害韧性发展是由多种原因造成的，既包括生态系统本身的压力，也包括经济、社会、生态、工程等的状态和响应情况。生态压力可以通过自身的调节和净化来缓解，当洪涝灾害风险超出经济、社会、生态、工程等系统的承受阈值时，城市子系统就需要采取响应措施。另一方面，生态系统中的气候变化使洪涝灾害风险随之变化，影响生态系统的压力，同时，经济、社会系统的发展也使洪涝灾害风险加剧，当发生洪涝灾害时，城市各系统都将采取相应措施进行响应。由此可见，PSR 理论和 SENCE 理论之间相互包含、相互联系，具有较强的互通性和融合性。

3.4.2　城市洪涝灾害韧性的作用机制

PSR 理论和 SENCE 理论均有各自的突出优势，可以在各自的理论指导下对城市洪涝灾害韧性进行合理的分解，但是也都有各自的局限性，无法全面多角度地对城市洪涝灾害韧性进行深入研究。为了尽可能厘清各因素之间的关系，本章尝试将 PSR 理论和 SENCE 理论进行融合，以各因素之间的相通性为切入点，分析城市洪涝灾害韧性的作用机制，能在一定程度上弥补现有灾害韧性研究未能紧密结合城市系统与灾害过程进行分析的不足，其逻辑关联性有助于理解城市灾害韧性的动态演替过程，提升城市的灾害应对能力。据此，本章绘制出了城市洪涝灾害韧性的作用机制图（见图 3.8）。

3.4.2.1　生态压力韧性

城市的压力韧性主要包括生态压力韧性，体现为城市系统面临的洪涝灾害风险大小，主要为自然压力，即致灾因子和孕灾环境。

本章压力韧性维度中的因素主要考虑城市洪涝灾害风险特征。气候变化是人类社会面临的全球性问题，并被证明是影响城市韧性建设的重要因素，气候变化下洪水风险的不确定性日益增加，给城市管理带来了新的挑战，这激发了学者研究气候变化对城市韧性的影响的兴趣。相关实证研究也证实了极端的降水量是造成城市洪涝灾害的关键因素。洪涝灾害是城市面临的一个紧迫灾害风险，由于气候变化和城市化进程的共同作用，未来灾害风险将进一步恶化。关于洪涝的评估和模拟，研究者通常选择短期降水量，如每小时或 15 分钟降水量。洪涝灾害风险是决定是否进行预警通报的首要因素，想要预防和减少城市洪涝灾害，就必须提高洪涝灾害韧性，提高洪涝灾害韧性取决于特定地区面临的洪涝风险大小，二者相辅相成。

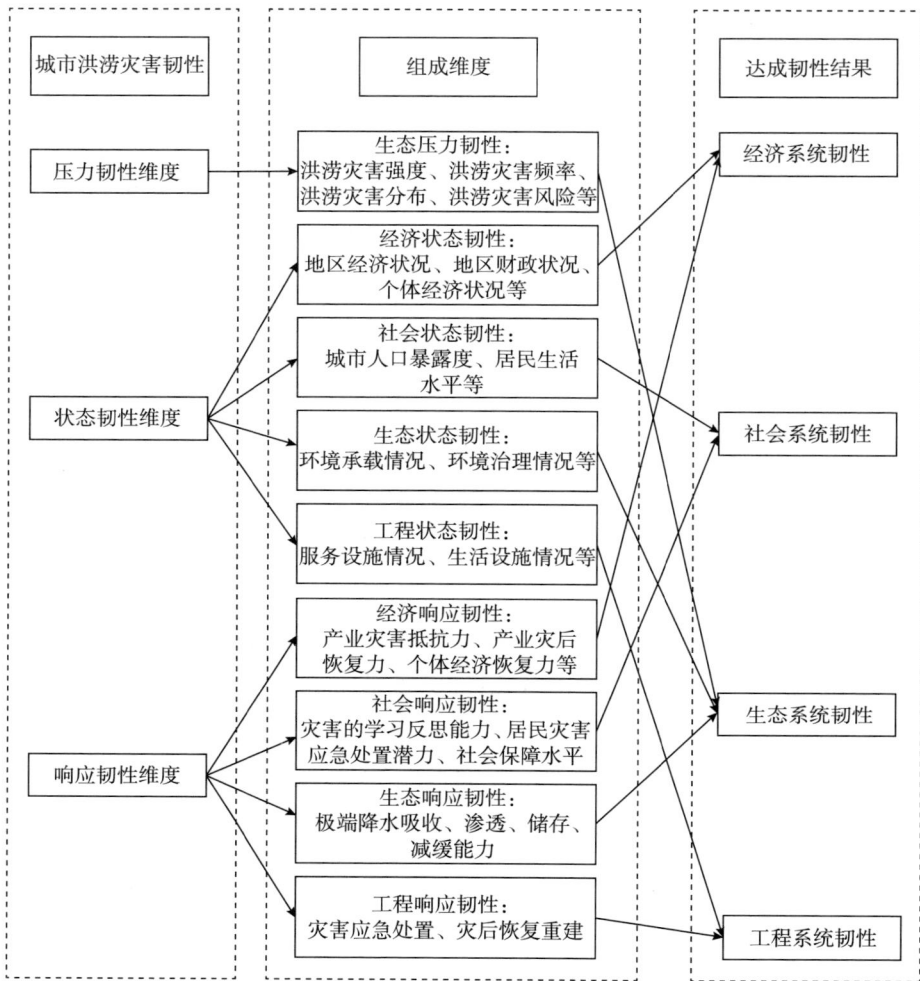

图 3.8 基于 PSR-SENCE 理论的城市洪涝灾害韧性的作用机制

资料来源：笔者使用 Visio 软件绘制。

3.4.2.2 经济状态韧性

城市的经济状态韧性主要体现在地区经济状况、地区财政状况、个体经济状况等方面。城市的经济水平也影响其韧性能力，由于地区或个人经济地位不同，防洪能力的水平也有很大差异。此外，就业状况可以代表社会经济的稳定性，公民可以通过就业来承担更多的洪灾损失。居民的收入越高，面对灾害的经济承受能力越强，抵抗洪涝灾害的压力和风险的能力越强，灾后也能越快地恢复正常的生活和工作，弥补在灾害中遭受的经济损失。

3.4.2.3　社会状态韧性

城市的社会状态韧性主要体现在城市人口暴露度、居民生活水平等方面。人口规模及密度的不断上升，增加了城市面对风险的暴露度和脆弱性，从灾害过程来看，城市人口密度越高，灾害扩散性越强，人群相互接触的概率越大，因而灾情的扩散往往较难控制，同时，人口密集区域的财产也较集中，将会造成较多的人员伤亡和财产损失，影响城市的公共安全发展。老年人口的数量和占比也影响着城市社会系统的状态韧性。当灾害发生时，老年人口由于行动不便难以快速转移到安全区域，且由于身体原因更容易因灾致病或致残，降低生活质量，其抵御风险和从风险中恢复的能力不足，会增加城市人口洪涝灾害易损性。公众的从业状况和失业状况也会影响社会系统的状态韧性。如果城市居民的从业情况比较多样化，那么其在遭受洪涝灾害风险的冲击时就更具稳健性、应变性，同时，第三产业相比农业和工业，不易受到洪涝灾害风险的影响，该行业的从业者也更容易从灾害中恢复过来。失业人口是闲置中的劳动力，其关系到地区政府的财政状况、企业单位的经营健康状况，并且失业人口的个人经济鲁棒性较差，灾害发生后无法自主恢复到灾前状态。如果城市的失业人口较多，那么会影响城市安全发展、灾害应变能力和恢复能力，最终影响城市社会系统的状态韧性。

3.4.2.4　生态状态韧性

城市生态系统的状态韧性主要体现在环境承载情况、环境治理情况等方面。城市工业排放的大气污染物，形成水汽凝结和增强效应，也会增加城市的降雨概率和强度。城市化的开发把曾经的农田变成了柏油马路、水泥广场，使城市不透水面积大幅增加，下渗减少，"天然海绵"的功能减退，包括停车场、商场和下沉式立交桥等地下设施容易积聚雨水，也是洪涝易发区。城市的绿地、湖泊、湿地等海绵体，可以吸纳降水，减少径流形成，减少暴雨径流量和延缓峰现时间，是从源头减少洪涝发生的有效途径。

3.4.2.5　工程状态韧性

城市工程系统的状态韧性主要体现在服务设施情况、生活设施情况等方面。供电、供水、交通等是城市的生命线工程，供电、供水设施的瘫痪，会严重影响人民群众的生活质量，所以重要建筑和部门的二次供水、供电应考虑冗余性和鲁棒性，以加强对灾害的防御。城市道路网的丰富度和宽阔度会影响居民从灾害发生区域转移到安全地区的速度和效率，也直接关系到救援人员和救援物资的到达时间。排水管网根据城市实际情况进行设计，可以提高城市排水能力、预防洪涝灾害。在对城市洪涝灾害问题的调研与分析中，城市排水能力设计过低以及城市排水设施滞后是影响城市排水能力、造成城市洪涝灾害的首要原因。

3.4.2.6 经济响应韧性

城市经济系统的响应韧性主要体现在产业灾害抵抗力、产业灾后恢复力、个体经济恢复力等方面。多样化的产业结构对风险具有扩散作用，不同类型的产业具有不同的需求弹性、出口导向、劳动力和资本强度及对外竞争风险，所以不同产业本身对特定冲击的敏感性存在差异。当外部波动对地区产生危机性冲击时，多样化结构下只有一个或少数几个产业受到影响或面临危机，而其他产业可以幸免于难，从而使地区整体实现较好的经济韧性。同时，对外资的依赖性会削弱经济自身的内生增长能力，使经济发展停滞，外资的引入也会对我国经济市场产生一定的冲击，影响我国进出口企业的正常经营活动，造成产业同构现象，削弱自主创新能力，影响城市经济系统的响应韧性。公众对灾害损失的承受能力，也影响城市经济系统的响应韧性，当公众具有较高的资金储蓄时，个体经济的鲁棒性与冗余性较强，抵抗洪涝灾害的压力和风险的能力较强，灾后也能更快地恢复正常的生活和工作，弥补在灾害中遭受的经济损失。

3.4.2.7 社会响应韧性

城市社会系统的响应韧性主要体现在灾害的学习反思能力、居民灾害应急处置潜力、社会保障水平等方面。社会层面即公众对灾害的快速反应能力及认知水平，也影响着社会系统的响应韧性水平，城市对科技和教育的投资力度，关系到公众的文化修养和灾害知识储备，公众的灾害知识越丰富，应急处置能力越强，对洪涝灾害的自主判断、自我救助能力就越强，同时，公众积极参与到灾害治理工作中，也可以发挥集体的力量，帮助城市快速从灾害冲击中恢复过来。社会保险是社会保障的核心部分，城市的基本医疗保险、基本养老保险及失业保险等都是公众对抗风险的依靠。及时有效的灾情信息预警可以帮助政府和公众为即将到来的洪涝风险做好准备，也可以降低城市在洪涝风险中的暴露程度，还可以将学习、模拟演习和以前收集的灾害经验转化为利益相关者的知识，以提高城市系统在洪灾面前正常运行的能力。

3.4.2.8　生态响应韧性

城市生态系统的响应韧性主要体现在极端降水吸收、渗透、储存、减缓能力等方面。在洪涝灾害常发多发的大型城市，建设深邃的地下水库等大型排蓄水和水处理系统对减缓城市内涝洪水非常重要。城市的河网密度体现其水资源调蓄能力，随着城市降水量的不断提升，对水资源调蓄能力的要求也越来越高，丰富的河流网络便于及时将地表径流排出，减少短期极端降水对城市的破坏。

3.4.2.9　工程响应韧性

城市工程系统的响应韧性主要体现在灾害应急处置、灾后恢复重建等方面。与应急资源相关的因素，包括交通、医疗救助等，这些资源的质量、数量和分配会影响恢复的速度，将应急资源合理有效地分配到受影响的人口和地方的能力是恢复城市系统功能效率的关键。不断升级重要基础设施，使其互联互通，在灾害场景下协同互助，以及构建多层次、立体化的紧急交通系统，都可以强化城市的灾害响应水平，更好地应对复杂的洪涝灾害风险。

3.5　本章小结

本章构建了城市洪涝灾害韧性的作用机制分析框架。基于 PSR 理论对城市灾害韧性进行了分解，基于 SENCE 理论对城市韧性进行了分解，并尝试将二者进行融合，从灾害演化过程和城市复合生态系统的融合视角出发分析城市洪涝灾害韧性的作用机制，为后续城市洪涝灾害韧性评估及时空演化特征分析奠定了理论基础。

第4章　城市洪涝灾害韧性评估

4.1　指标体系构建

4.1.1　系统综述法筛选指标

通过特定的方法将数量繁多的城市洪涝灾害韧性的影响因素进行筛选，构建最终评估指标体系，再通过构建的评估指标体系或框架展开综合评估，是学者常用的流程。因此，对研究对象的相关影响因素进行筛选是评估城市洪涝灾害韧性的前提与基础。本章通过文献梳理发现，关于城市灾害韧性的评估大多是针对全灾种进行的，洪涝灾害作为影响较为广泛、发生频率较为频繁的自然灾害之一，仅仅寻找洪涝灾害情景下关于城市韧性的评估指标，可能会出现遗漏指标的情况。因此，为了能够更加全面、科学地获得各维度的指标，本章拟采用系统综述法，对国内外文献进行梳理和筛选，从而得到最终的城市洪涝灾害韧性评估指标体系。

系统综述法最初的应用范围仅限于医药学实证研究文献，由于对文献的综述具有普遍适用性，系统综述法逐渐拓展到了不同领域的各种文献。系统综述法通过科学标准地搜寻文献，对文献内容进行了定性或定量的统计综合分析，评估研究质量，总结研究结果，得出可靠的综述结论。采用系统综述法筛选、分析相关文献的流程如下。

（1）确定分析目标。本章的目标是通过梳理相关文献，得到城市洪涝灾害韧性评估指标体系。本章将与城市洪涝灾害韧性评估的相关关键词进行组合检索，在 Web of Science 数据库和中国知网数据库中检索已经刊发的学术期刊论文，并剔除掉与研究内容无关的期刊论文。

（2）文献资格审查。此阶段包含识别、筛选、审阅和包容四个步骤。首先，搜索城市洪涝灾害韧性评估相关文献，检索时间为联合国《2005—2015 年兵库行动框架：加强国家和社区的抗灾能力》提出之后的 2005 年至 2022 年 6 月，共得到英文文献 257 篇、中文文献 175 条。其次，对所得到的文献进行初步筛选，文献类别选择 SCI 来源期刊、EI 来源期刊、核心期刊、CSSCI 与 CSCD，得到英文文献 196 篇、中文文献 78 篇。再次，审阅所得文献的标题和摘要，去除相关性较低的文献，共得文献 159 篇，审阅剩余文献的全文，去除不符合研究目标的文献，共得文献 92 篇。最后，采用滚雪球法，通过检查剩余文献的参考文献查漏补缺，最终选定文献 137 篇。

（3）总结归纳。此阶段对审查得到的所有文献进行仔细阅读、详细分析，并进行归纳总结。本章以选出的 137 篇国内外相关文献为基础，对城市灾害韧性进行文献综述，总结这些文献所使用的影响因素、评估维度和评估方法。

4.1.2　指标词频统计

本章根据最终选择的 137 篇国内外相关文献中涉及的评估指标，去除与洪涝灾害相关性较低的指标（如其他自然灾害的相关指标），并借助 NVivo 软件对归纳的指标进行了词频统计（见表 4.1）。

表 4.1　城市洪涝灾害韧性指标词频统计

序号	指标	词频	序号	指标	词频
1	人口老龄化	39	6	居民就业率/失业率	28
2	地区经济水平	34	7	洪涝灾害风险	28
3	人口暴露程度	32	8	居民受教育程度	27
4	居民收入情况	32	9	排水管网密度	26
5	儿童人口	31	10	降雨情况	24

续表

序号	指标	词频	序号	指标	词频
11	城市绿化率	24	24	基础设施暴露程度	15
12	城市地形环境	23	25	残疾人口	15
13	公共交通服务能力	22	26	灾害应急预案	11
14	城市道路情况	21	27	通信水平	10
15	城市医疗救助能力	21	28	防洪水库情况	10
16	城市基建维护升级能力	21	29	居民生活用水用电情况	10
17	洪涝灾害预警能力	20	30	污水处理能力	10
18	社会保障能力	18	31	城市信息化程度	10
19	政府应急管理能力	18	32	绿色基础设施	10
20	房屋暴露程度	16	33	防灾减灾预算	10
21	经济结构	16	34	植被覆盖率	10
22	城市学习创新能力	16	35	物种多样性	10
23	公众应对灾害的能力	15	36	土地利用率	10

资料来源：笔者整理获得。

NVivo 软件是当前使用较为广泛的一种质性分析软件，可以将文字、视频、音频、图片等定性数据进行定量化处理，并通过节点、编码等过程对数据展开分析，具有储存、编码、汇总和可视化等多种功能，便于研究者梳理掌握大量数据，同时能够整理复杂定性材料数据中的内在联系，使其更具结构性和逻辑性。NVivo 软件的运行程序较为成熟，研究过程方便快捷，研究结果也具有客观性和真实性，可以提高研究质量和效率，已被广泛应用于学术研究。

本章将从 137 篇文献中提取的评估指标导入 NVivo12 中，按照以下步骤对其进行编码分析：一是准备阶段，将每篇规范化处理的文献进行单独命名，将其中涉及的指标录入 NVivo12 中。二是编码阶段，将内涵相似的指标贴标签，并将标签整理为具有代表性的节点，进行编码，并归纳其节点名称，标签显示在节点之后称为"参考点"，点开可以看到每个参考点的来源、原始字句、创建日期、修改日期等。因为本章的研究目的是寻找城市洪涝灾害韧性的影响指标，所以使用的节点类型为自由节点。三是质性分析阶段，根据研究需要对自由节点进行对比分析，分析不同节点的描述和节点间的联系，并对个例进行分析。本书根据研究需要，最终选择保留频数≥10 的指标，如表 4.1 所示。

4.1.3 最终指标体系

按照系统综述法筛选得到的评估指标多为综合性评估指标，较少有针对洪涝灾害的指标。因此，为使本章构建的城市洪涝灾害韧性评估指标体系更贴合实际，需要对所选指标进行进一步的分类和筛选，本章主要遵循的原则为以下四点。

4.1.3.1 可接受性

该原则是指所选择的评估指标应当符合城市洪涝灾害韧性三个评估维度的概念界定，同时所选指标也应是城市复合生态系统的组成部分，从而使构建的评估指标体系具有逻辑性。

4.1.3.2 适用性

该原则是指所选择的评估指标具有广泛的适用性，可以兼具洪涝灾害的特点以及城市系统韧性的特征，也可以应用于省域或市域等不同尺度的研究，从而使构建的评估指标体系具有普适性。

4.1.3.3 可评估性

该原则是指所选择的评估指标能够进行量化处理，即指标数据可以通过定性或者定量的方法得到一个确定的值，从而使构建的评估指标体系具有可操作性。

4.1.3.4 可获得性

该原则是指所选择的评估指标数据可以通过一定的方式方法从相应数据库或平台中获得，获得途径正当且普遍可用，从而使构建的评估指标体系具有可落地性。

本章对通过系统综述法筛选出来的指标，按照以上四项原则进行了整理，并按照压力、状态、响应三个维度，同时对应经济、社会、生态、工程等城市系统构建了最终的城市洪涝灾害韧性评估指标，如表 4.2 所示。

表 4.2 城市洪涝灾害韧性评估指标

一级指标	二级指标	指标	表征数据	单位	序号
压力韧性	生态压力	长期降雨情况	年均降雨量	mm	C1
		短期降雨情况	24 小时最大降雨量	mm	C2
		洪涝灾害风险	暴雨天数/降雨天数×100%	%	C3

续表

一级指标	二级指标	指标	表征数据	单位	序号
状态韧性	经济状态	地区经济情况	人均GDP	元/人	C4
		地区财政情况	公共财政收入占GDP比重	%	C5
		居民收入情况	在岗职工平均工资	万元	C6
	社会状态	人口承载能力	平均每人现住房建筑面积	人/m²	C7
		老年人口抚养比	65岁以上人口/15~64岁人口×100%	%	C8
		公众从业多样性	第三产业从业人员比重	%	C9
		公众失业情况	城镇登记失业人口占总人口比重	%	C10
	生态状态	工业排污情况	万元GDP工业废水排放量+万元GDP工业SO₂排放量	t	C11
		废物处理情况	（城镇生活污水集中处理率+生活垃圾无害化处理率）/2×100%	%	C12
		绿化情况	建成区绿地面积/建成区总面积×100%	%	C13
	工程状态	排水管网情况	建成区排水管道密度	km/km²	C14
		城市道路情况	人均城市道路面积	m²	C15
		居民用水情况	人均生活用水量	t	C16
		居民用电情况	人均用电量	kW·h	C17
响应韧性	经济响应	经济多样性	第三产业占GDP比重	%	C18
		外资使用情况	当年实际使用外资	亿美元	C19
		公众承受能力	人均城乡居民存储年末余额	元/人	C20
	社会响应	科教支撑能力	教育支出和科学支出占财政支出比重	%	C21
		公众文化水平	初等教育人数占总人口比重	%	C22
		社会保障能力	（基本医疗保险参保人数+基本养老保险参保人数+失业保险参保人数）/总人口×100%	%	C23
		通信预警能力	（年末移动电话用户数+互联网宽带接入用户数）/总人口×100%	%	C24
	生态响应	水库容量	水库容量	m³	C25
		水库数量	水库数量	个	C26
		水资源调蓄能力	河流长度/河流面积	km/km²	C27
	工程响应	医疗救助能力	每万人拥有的医院床位数	张	C28
		应急交通保障能力	每万人拥有的公共汽车量	辆	C29
		基建维护升级能力	市政公用设施建设固定资产投资	万元	C30

资料来源：笔者整理获得。

4.1.4　指标体系内涵

4.1.4.1　压力韧性维度各指标内涵

C1：长期降雨情况。随着全球升温速度加快，极端气候风险加剧，无论是沿海地区还是内陆城市，大雨和暴雨的次数和降雨量均有所增加。同时，我国地域广阔，气候类型丰富，年降水量时空分布不均，且呈逐年上升趋势，导致洪涝灾害发生的不确定性加剧。因此，长期降雨情况是衡量城市面临洪涝灾害压力的重要因素。

C2：短期降雨情况。按照国家降水强度等级划分标准——《降水量等级》（GB/T 28592—2012），24 小时降水量高于 50mm 就可以判定为"暴雨"，城市短期内遭受的降雨量越大，洪涝灾害的危险性越大，极端降水的次数越多，洪涝灾害发生的可能性就越大。

C3：洪涝灾害风险。致灾因子是灾害风险发生的根本原因，可以采用致灾因子来表征洪涝灾害风险，城市强降雨发生的概率越高，洪涝灾害风险越大，所以可以采用暴雨天数/降雨天数×100%来反映洪涝灾害风险。

4.1.4.2　状态韧性维度各指标内涵

C4：地区经济情况。城市的人均 GDP 可以反映城市的宏观经济发展状况，城市的经济发展水平越高，其抵御灾害风险的能力越强，即使灾害发生后损失数量大，但是对其整体发展的影响程度较低。

C5：地区财政情况。洪涝灾害韧性作为城市建设的新战略，其发展离不开财政资金的支持，城市的公共财政收入越高，可支配的资金占比越高，才越有能力将经费投入提升城市的灾害韧性建设以及灾后救援工作中，进而可以依靠大量的财政投入减轻灾害损失。

C6：居民收入情况。居民的收入越高，面对灾害的经济承受能力越强，抵抗洪涝灾害的压力和抗风险能力越强，灾后也能更快地恢复正常的生活和工作，弥补在灾害中遭受的经济损失。

C7：人口承载能力。单位住房建筑面积上的人口密度情况可以反映城市的洪涝灾害易损性，城市较高密度的人口承载表明城市人口的洪涝灾害易损性较强，更容易遭受洪涝风险的威胁。

C8：老年人口抚养比。65 岁以上的老年人行动不便、抗风险能力较差，更容易受到洪涝灾害的影响，青壮年是灾害救援的中坚力量，可以有效保护财产和生命安全，老年人口越少，青壮年人口越多，城市抵抗洪涝灾害的有生力量越多。

C9：公众从业多样性。如果城市居民的从业情况比较多样化，那么该城市在遭受洪涝灾害风险时就更具有稳健性、应变性。同时，第三产业相较农业和工业，不易受到洪涝灾害风险的影响，该行业的从业者也更容易从灾害中恢复过来。

C10：公众失业情况。失业人口是闲置的劳动力，关系到地区政府的财政状况、企业单位的经营健康状况，失业人口的个人经济鲁棒性较差，灾害发生后无法自主恢复到灾前状态，城市的失业人口较多，会影响城市安全发展、灾害应变能力和恢复能力，最终影响城市的社会韧性。

C11：工业排污情况。经济发展离不开工业的支持，城市工业化进程的加快，对环境承载力是一个巨大的挑战，大量的工业活动排放出废水和废气，破坏了大气环境，污染了水资源，进一步引发更多气象灾害，对人类产生了影响及危害。

C12：废物处理利用情况。城市中的人口大量集聚，在生产生活过程中不断制造出污水和生活垃圾，当自然环境无法降解这些废弃物时，便需要人工对它们进行废物处理和利用，降低人类活动对生态环境的破坏，进而降低气象灾害的风险。同时，这也可以反映城市对洪水净化、排泄和循环使用的能力，雨水中常携带大气中的有害物质，如果不经处理则会污染居民用水，从而威胁居民身体健康。

C13：绿化情况。绿地具有良好的吸水和固水能力，可以渗透和储存雨水，是城市排涝的重要组成部分，还可以丰富城市的绿化面积，增强地下水的渗入量，滞纳更多的雨水，可以减缓短期内强降水对城市的冲击，提升城市对暴雨的韧性。

C14：排水管网情况。城市的排水管网承担着排洪排涝功能，城市建成区排水管道密度越大，城市排水空间布局的鲁棒性越强，当强降雨来袭时，越不容易产生内涝进而影响城市的安全发展。

C15：城市道路情况。城市道路的通达性和便捷性影响洪涝灾害的应急响应速度，道路交通系统越发达，洪涝灾害发生时交通系统的效率就越高，居民越容易快速离开内涝区域并转移到安全的地方，也便于应急救援工作的开展，大幅降低因洪涝灾害造成的损失。

C16：居民用水情况；C17：居民用电情况。洪涝灾害发生后，供水、供电设施的冗余性能否保障居民的用水用电需求，确保居民生命的延续，决定着城市是否有空间、有韧性从灾难中快速恢复。

4.1.4.3　响应韧性维度各指标内涵

C18：经济多样性。城市产业的多样性可以降低城市对某一行业的依赖性，当洪涝灾害对某一行业产生冲击时，其他行业可以弥补这一行业受到的影响，提高城市经济的抗风险能力以及可持续发展能力。

C19：外资使用情况。城市对外资的依赖会形成对某些行业和市场的垄断，进而造成产业同构现象比较严重，削弱自主创新能力，加剧经济发展的不平衡，最终影响城市经济的恢复和发展。

C20：公众承受能力。当公众具有较高的资金储蓄时，个体经济的鲁棒性与冗余性较强，抵抗洪涝灾害的压力和抗风险能力也更强，灾后也能更快地恢复正常的生活和工作，弥补在灾害中遭受的经济损失。

C21：科教支撑能力。城市在科技和教育方面的投入，可以提升居民的整体素养，洪涝灾害发生后，居民可以从灾害中学习经验教训，预防灾害再次发生，进一步提升城市整体的学习能力、创新能力以及对灾害的反思能力。

C22：公众文化水平。当城市居民的文化水平较高时，他们对洪涝灾害的自主判断能力、自我救助能力、互帮互助能力及灾后恢复能力都较高，居民的灾害应对能力也更强，城市的响应韧性水平相应更高。

C23：社会保障能力。城市的基本医疗保险、基本养老保险及失业保险参保人数占总人口的比例越高，社会保障能力越强，居民应对洪涝灾害风险的能力就越强。

C24：通信预警能力。政府部门及时进行洪涝灾害的预警可以有效降低灾害带来的伤亡情况和经济损失，移动电话和互联网是当前较为便捷的灾害信息接收和传递渠道，体现城市通信基础设施的响应能力，对城市抗涝韧性起正向作用。

C25：水库容量；C26：水库数量。水库可以储存大量的水资源，同时降低河流的流速，有效调节洪峰，在降雨频发的季节，排空水库的水，扩大蓄水能力，可以有效避免洪涝灾害的发生。

C27：水资源调蓄能力。城市的河网密度体现其水资源调蓄能力，随着城市降雨量的不断提升，对水资源调蓄能力的要求也越来越高，丰富的河流网络可以及时将地表径流排出，减少短期极端降水对城市的破坏。

C28：医疗救助能力。当灾害发生时，城市强有力的医疗救助能力，可以为更多的城市居民提供服务，有效地保障人民群众的生命安全和身体健康，降低洪涝灾害带来的伤亡情况。

C29：应急交通保障能力。便捷的交通可以方便居民在受到洪涝灾害影响时快速地撤离、疏散和安置，也便于应急救援工作的迅速开展，反映城市交通设施的鲁棒性与冗余性。

C30：基建维护升级能力。洪涝灾害发生后，城市会吸收灾害治理过程中的经验和教训，对相关基础设施进行进一步的扩张、改造和修复，并在绿色和环保方面加大投资力度，尝试增强城市基础设施对灾害的适应能力。

4.2 评估方法

4.2.1 评估方法的选择

国内外常用的指标赋权方法主要分为主观赋权、客观赋权及组合赋权三种。其中，主观赋权法主要取决于决策者的主观判断，反映指标本身的重要程度，主观性较强；客观赋权法是通过一定的数学公式计算得到权重，能够保留数据本身所携带的信息，受指标原始值的影响较大；组合赋权法则可以兼具二者的优势，解决二者单独赋权存在的问题。目前，学者常用的主观赋权法有 Delphi、AHP、ANP 等，客观赋权法有 PCA、熵值法、DEA 等。指标权重的计算，不仅需要考虑指标本身的重要程度，而且不能忽视指标所携带的信息，想要得到更加科学合理的综合评估结果，需要将主客观权重进行组合计算。

常见的组合赋权方法有加法合成法、乘法合成法等组合形式。加法合成法组合赋权的特点是组合权重向量一般是主观权重向量与客观权重向量的一个组合，乘法合成法一般是先将指标的主客观权重相乘再进行归一化，但是这两种方法直接将主客观权重进行组合，无法兼顾主观权重和客观权重的优点。李刚等提出了极差最大化组合赋权法：首先，通过多种主客观赋权方法分别求得主客观权重；其次，将各指标的多个权重值进行排序，得到每个指标的组合权重数值区间；最后，建立优化模型，以评估结果的方差最大为目标函数、以组合权重数值区间为约束条件，求解得到每个指标的组合权重。该方法可以兼顾主客观赋权法各自的优点，得到的组合权重也有较好的解释性，评估结果的误差也较小，非常适用于本章研究内容的综合评估。

基于此，本章选择 AHP 法为主观赋权方法，熵权法为客观赋权法，然后采用极差最大化组合权重法求得指标体系的最终权重。

4.2.2　AHP 法主观赋权

4.2.2.1　构建层次结构

在应用层次分析法进行研究时，要先构建一个有层次的模型，分为目标层、准则层和方案层，层次数与所要研究问题的复杂程度有关。

4.2.2.2　构造成对比较矩阵

构造各层的比较判断矩阵，每层准则层元素在目标层中都有不同的比重，其对于决策者的意义也不尽相同，一般用 1~9 标度法来构造判断矩阵。

4.2.2.3　各层评估指标权重的确定与一致性检验

相对权重：$W' = (w'_1,\ w'_2,\ w'_3,\ \cdots,\ w'_n)^{\mathrm{T}}$ (4.1)

通过求方根法进行：$M_i = \prod_{j=1}^{n} a_{ij} \ (i = 1,\ 2,\ \cdots,\ n)$ (4.2)

判断矩阵各行赋值之积：$W'_i = \sqrt[n]{M_i} \ (i = 1,\ 2,\ \cdots,\ n)$ (4.3)

然后，归一化处理：$W_i = \dfrac{W'_i}{\sum\limits_{i=1}^{n} W'_i}$ $(i=1, 2, \cdots, n)$ （4.4）

最后，进行一致性检验。若检验通过，特征向量归一化处理得到的值即权重结果，若检验不通过，需要返回上一步骤重新构造新的判断矩阵。

4.2.3 熵权法客观赋权

本章对数据进行了标准化处理：

运用极差法对搜集到的数据消除量纲。

正影响指标：$x'_{ij} = \dfrac{x_{ij} - x_{i\min}}{x_{i\max} - x_{i\min}}$ （4.5）

负影响指标：$x'_{ij} = \dfrac{x_{i\max} - x_{ij}}{x_{i\max} - x_{i\min}}$ （4.6）

计算指标比重：$P_{ij} = x_{ij} \Big/ \sum\limits_{i=1}^{m} x_{ij}$ （4.7）

计算指标熵值：$e_j = -k \sum\limits_{i=1}^{m} P_{ij} \ln P_{ij}$ （4.8）

计算指标权重：$w_j = \dfrac{1 - e_j}{\sum\limits_{i=1}^{n} (1 - e_j)}$ （4.9）

4.2.4 极差最大化组合赋权法

4.2.4.1 计算权重矩阵

本章将 n 个指标采用 m 种赋权方法求得其权重，用矩阵 A 表示其权重矩阵；x_{ij} 表示第 i 个指标的第 j 种赋权结果，$i=1, 2, \cdots, m$；$j=1, 2, \cdots, n$。

$$X = \begin{bmatrix} x_{ij} \end{bmatrix}_{m \times n} = \begin{bmatrix} x_{11} & x_{12} & \cdots & x_{1n} \\ x_{21} & x_{22} & \cdots & x_{2n} \\ \vdots & \vdots & & \vdots \\ x_{m1} & x_{m2} & \cdots & x_{mn} \end{bmatrix} = \begin{bmatrix} x_1, & x_2, & \cdots, & x_n \end{bmatrix}$$ （4.10）

4.2.4.2 综合评估结果计算

综合评估结果：$Z = \theta X = (\theta x_1, \theta x_2, \cdots, \theta x_k)$ （4.11）

综合结果的均值：$(1/k)(\theta x_1, \theta x_2, \cdots, \theta x_k) = \theta \bar{x}$ (4.12)

综合评估结果的方差：$s^2 = \dfrac{1}{n-1} \sum\limits_{i=1}^{n} (\theta x_i - \theta \bar{x})^2 = \dfrac{1}{n-1} \sum\limits_{i=1}^{n} \theta H \theta^T$ (4.13)

优化模型：目标函数为评估对象的组合权重评估结果的方差最大，约束条件为每个指标的组合权重和为 1，构建优化模型。

$$\max \frac{1}{n-1} \sum_{i=1}^{n} \theta H \theta^T \qquad (4.14)$$

$$\text{s. t.} = \begin{cases} \sum\limits_{i=1}^{m} \theta_i = 1 \\ \theta_i^- \leqslant \theta_i \leqslant \theta_i^+ \end{cases} \qquad (4.15)$$

4.2.5　洪涝灾害韧性评估及分类

本章采用加权法计算城市洪涝灾害韧性各维度的韧性指数 Y。

$$Y = \sum_{i=1}^{n} \theta_i x_{ij} \qquad (4.16)$$

本章中评估结果的等级划分参考了前人的研究（朱诗尧，2021），将城市洪涝灾害韧性指数（Flood Disaster Resilience Index，FDRI）、压力韧性指数（Pressure Toughness Index，PRI）、状态韧性指数（State Resilience Index，SRI）及响应韧性指数（Response Resilience Index，RRI）共分为五个等级，如表 4.3 所示。

表 4.3　城市洪涝灾害韧性水平的分类标准

压力韧性	状态韧性	响应韧性	洪涝灾害韧性	类型
<0.010	<0.050	<0.050	<0.200	极低韧性水平
0.010~0.030	0.050~0.100	0.050~0.100	0.200~0.300	低韧性水平
0.030~0.050	0.100~0.150	0.100~0.1500	0.300~0.400	中等韧性水平
0.050~0.070	0.150~0.20	0.1500~0.200	0.400~0.500	高韧性水平
≥0.070	≥0.200	≥0.200	≥0.500	极高韧性水平

资料来源：笔者根据朱诗尧（2021）整理获得。

4.3 评估结果

4.3.1 数据来源

本章研究对象为中国 284 个地级市（不包括中国港澳台湾地区），相关数据来源于以下资料：①城市年鉴与公报：指标体系中的 C4、C5、C6、C7、C9、C10、C13、C14、C15、C16、C17、C18、C19、C20、C22、C24、C25、C26、C28、C29、C30 等统计类指标数据和 C8、C11、C12、C21、C23 等计算类指标数据，来源于《中国城市统计年鉴》《国民经济和社会发展统计公报》等。②气象数据网站：C1、C2 和 C3 为降水数据，来源于全国及各城市气象数据网站。③地理数据网站：C27 为水资源调蓄能力，来源于各开源地理数据网站，如谷歌地图。

4.3.2 组合赋权结果

首先，本章使用 AHP 法进行主观权重的计算。本章分别将压力韧性、状态韧性、响应韧性（一级指标）设置为准则层，采用问卷调查和专家访谈的形式，对各指标的重要性按照"9 级打分法"进行打分。本章共向 10 位相关研究方向的专家发送了调查问卷，获得了 10 份指标重要性评分意见，按照打分结果占比最大的观点来构建判断矩阵，通过式（4.1）~式（4.4），使用层次分析软件进行权重结果的计算，专家打分结果、权重结果及最大特征根一致性检验结果详情参见附录 1。其次，本章通过式（4.5）~式（4.9）进行熵权法的客观权重计算，并通过式（4.10）~式（4.15），采用极差最大化组合赋权法将主客观权重进行组合计算，结果如表 4.4 所示。

表 4.4　城市洪涝灾害韧性指标体系权重计算结果

一级指标	二级指标	指标	AHP 法	熵权法	极差最大化组合权重
压力韧性 （0.0989）	生态压力	长期降雨情况	0.011	0.009	0.009
		短期降雨情况	0.026	0.003	0.026
		洪涝灾害风险	0.064	0.015	0.064
状态韧性 （0.3664）	经济状态	地区经济情况	0.031	0.033	0.033
		地区财政情况	0.036	0.030	0.036
		居民收入情况	0.009	0.020	0.009
	社会状态	人口暴露程度	0.024	0.056	0.056
		老年人口抚养比	0.011	0.020	0.011
		公众从业多样性	0.006	0.017	0.006
		公众失业情况	0.008	0.002	0.002
	生态状态	工业排污情况	0.016	0.002	0.002
		废物处理利用情况	0.018	0.006	0.006
		绿化情况	0.005	0.005	0.005
	工程状态	排水管网情况	0.101	0.029	0.101
		城市道路情况	0.089	0.063	0.089
		居民用水情况	0.057	0.011	0.011
		居民用电情况	0.057	0.001	0.001
响应韧性 （0.5347）	经济响应	经济多样性	0.022	0.015	0.022
		外资使用情况	0.049	0.002	0.002
		公众承受能力	0.012	0.071	0.012
	社会响应	知识学习能力	0.038	0.020	0.038
		公众反应能力	0.023	0.074	0.074
		社会保障能力	0.016	0.094	0.016
		通信预警能力	0.025	0.057	0.057
	生态响应	水库容量	0.073	0.046	0.073
		水库数量	0.052	0.031	0.052
		水资源调蓄能力	0.041	0.107	0.107
	工程响应	医疗救助能力	0.009	0.020	0.009
		公共交通服务能力	0.033	0.094	0.033
		基建维护升级能力	0.040	0.049	0.040

资料来源：笔者整理获得。

4.3.3 评估结果

本章采用式（4.16）进行计算得到 2011~2020 年 284 个地级市的 FDRI、PRI、SRI、RRI 评估结果，如表 4.5 和表 4.6 所示，其余结果参见附录 2。

表 4.5 2011~2020 年城市洪涝灾害韧性各维度评估结果

指标		2011 年	2012 年	2013 年	2014 年	2015 年	2016 年	2017 年	2018 年	2019 年	2020 年
压力韧性	生态压力	0.053	0.055	0.055	0.054	0.050	0.058	0.054	0.055	0.047	0.055
状态韧性	经济状态	0.025	0.014	0.019	0.011	0.018	0.022	0.015	0.018	0.012	0.013
	社会状态	0.056	0.039	0.055	0.060	0.055	0.053	0.053	0.058	0.059	0.062
	生态状态	0.033	0.032	0.034	0.040	0.038	0.040	0.040	0.039	0.037	0.041
	工程状态	0.036	0.037	0.039	0.041	0.040	0.041	0.041	0.041	0.038	0.039
	合计	0.150	0.121	0.148	0.151	0.150	0.157	0.149	0.156	0.146	0.139
响应韧性	经济响应	0.027	0.027	0.028	0.029	0.027	0.025	0.030	0.029	0.028	0.033
	社会响应	0.020	0.020	0.023	0.023	0.029	0.023	0.033	0.031	0.038	0.037
	生态响应	0.031	0.031	0.031	0.030	0.030	0.030	0.031	0.031	0.031	0.031
	工程响应	0.013	0.013	0.014	0.014	0.014	0.011	0.018	0.011	0.013	0.015
	合计	0.091	0.091	0.096	0.095	0.099	0.090	0.111	0.101	0.110	0.116
总计		0.294	0.267	0.298	0.301	0.300	0.304	0.314	0.311	0.304	0.309

资料来源：笔者整理获得。

表 4.6 2020 年部分城市洪涝灾害韧性评估结果

城市	压力	状态	响应	综合值
北京	0.062	0.180	0.229	0.472
天津	0.048	0.158	0.178	0.385
石家庄	0.063	0.153	0.125	0.340
唐山	0.058	0.129	0.094	0.282
秦皇岛	0.051	0.136	0.099	0.286
邯郸	0.053	0.128	0.072	0.253
邢台	0.061	0.141	0.072	0.274
保定	0.061	0.131	0.081	0.273

续表

城市	压力	状态	响应	综合值
张家口	0.055	0.130	0.080	0.265
承德	0.057	0.123	0.079	0.260

注：此处仅展示部分城市数据，其余城市数据参见附录 2。
资料来源：笔者整理获得。

4.4　本章小结

　　首先，本章基于城市洪涝灾害韧性的作用机制，运用系统综述法对评估指标进行了初选，采用 NVivo 软件统计了指标频次，并按照指标筛选的原则，确定了最终的城市洪涝灾害韧性评估指标体系，包括压力、状态、响应三个维度，经济、社会、生态、工程四个城市系统，共计 30 个指标。其次，本章基于我国 284 个地级市 2011~2020 年的面板数据，采用 AHP 法对指标体系进行了主观赋权，采用熵权法对指标体系进行了客观赋权，并使用极差最大化组合赋权优化模型将主客观权重进行结合得到了最终权重，评估了中国各城市洪涝灾害韧性水平，为后续的时空演化分析和提升路径探索奠定了基础。

第5章　城市洪涝灾害韧性的
时空演化格局分析

5.1　城市洪涝灾害韧性的时间演变特征

5.1.1　不同维度城市洪涝灾害韧性的时间演变特征

为直观反映我国 2011~2020 年城市洪涝灾害韧性水平的整体变化情况，本章将评估结果用折线图来展示，如图 5.1 所示，以便分析我国城市洪涝灾害韧性水平的时间变动趋势。

从图 5.1 中可以看出，我国的城市洪涝灾害韧性指数（FDRI）在 2012 年陡然下降，之后呈缓慢增长的态势，2011 年的 FDRI 为 0.294，处于低韧性水平，2012 年下降到 0.267，下降了 9.18%，在 2017 年达到最高值 0.314，达到中等韧性水平，较 2011 年增长了 16.80%，之后逐步下降到 2019 年的 0.304，在 2020 年恢复至 0.309，整体增长了 5.10%。

从压力韧性视角来看，我国的压力韧性指数（PRI）整体发展较为平缓，在 2016 年上升至最大值 0.058，较 2011 年上升了 9.43%，随后缓慢下降至 2020 年的 0.055，较 2016 年下降了 5.17%，但与 2011 年比 PRI 仍有所提升，对 FDRI 的影响较小。究其原因，主要是城市压力韧性受降雨量、降雨频数和

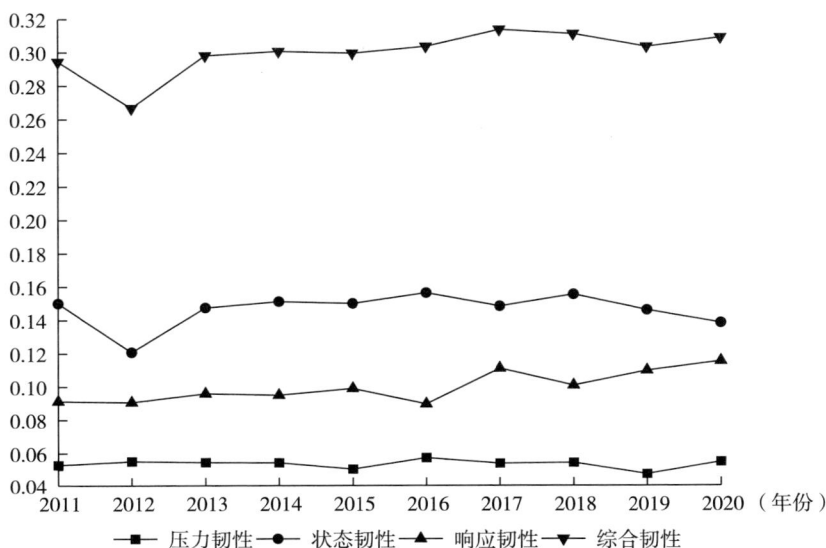

图 5.1　我国城市洪涝灾害韧性各维度均值

资料来源：笔者使用 Origin 软件绘制。

降水风险的影响，洪涝灾害风险对城市压力韧性的影响为负，即洪涝灾害风险越大，城市的压力韧性越低，虽然我国洪涝灾害是各种因素耦合作用的结果，但是人类活动对其影响巨大。近年来，随着我国城镇化的不断推进和城市的迅速发展扩张，人口大量集聚在城市中，城市洪涝灾害风险不断加剧，洪涝灾害发生频次加快、严重程度加剧，以至于近年来我国城市压力韧性指数呈缓慢下降趋势。

从状态韧性视角来看，我国的状态韧性指数（SRI）在 2012 年大幅下降，下降了 19.33%，随后逐步上升，在 2016 年达到最大值 0.157，较 2011 年上升了 4.67%，涨幅较小，随后缓慢下降到 2020 年的 0.139，与 2011 年相比整体下降了 7.33%，对 FDRI 的影响较大。其主要原因如下：从经济状态韧性来看，我国经济从高速增长逐步转型为高质量发展，增长速度放缓，转型期经济发展会遭受阵痛，所以经济状态韧性有所降低；从社会状态韧性来看，我国逐步提升了城市的人口承载能力，并为公民提供了丰富的就业机会，降低了失业率，减轻了城市人口洪涝灾害易损性，提升了居民对洪涝灾害的适应力，所以社会状态韧性发展良好；从生态状态韧性来看，绿水青山就是金山银山，我国不断加强对工业废弃物的管控，加大对生活废物的处理利用，提升城市绿地渗透和储存洪水的能力，减缓洪涝灾害对城市的冲击；从工程状态韧性来看，我国的工程状态韧性在研究期内有所下降，主要原因在于城市的扩张过于盲目和迅速，生命线工程设施的阈值跟不上城市发展的速度，以至于城市无法以充足的工程状态来抵抗城市洪涝灾害风险。

从响应韧性视角来看，我国的响应韧性指数（RRI）整体呈逐步提升的态势，虽然在 2016 年有所下降，从 2010 年的 0.091 下降到了 2016 年的 0.090，下降了 1.10%，但是在往后年份大幅提升至 2020 年的 0.116，整体涨幅 27.47%，略微减缓了 SRI 下降对 FDRI 产生的负面影响。其主要原因如下：从经济响应韧性来看，我国不断丰富城市经济的多样性，降低对外资的依赖性，加强城市经济应对洪涝灾害的恢复性，提升个体经济的鲁棒性与冗余性，所以我国的经济响应韧性不断提升；从社会响应韧性来看，我国不断提升对科技和教育的投资，提升公众的文化水平，加强城市的学习能力、创新能力，对灾害的反思能力，以及居民对洪涝灾害的自主判断、救助、恢复能力，同时加大对居民的社会保障力度，提升洪涝灾害的社会抵御能力，提升移动互联网率和通信设备配备率，加强社会整体的灾害预警能力，所以社会响应韧性也在不断提高；从生态响应韧性来看，我国不断修建水库，加大水库容量，重视对河网的保护和调整，加大河网密度，不断提升城市抗洪排涝设施的鲁棒性和冗余性，进一步改善生态响应韧性；从工程响应韧性来看，我国不断提升医疗资源人均覆盖度和交通设施人均覆盖度，加大对基建维护升级方面的投资，使城市对洪涝灾害的应急响应能力不断提升。

5.1.2 不同区域城市洪涝灾害韧性的时间演变特征

为了比较不同区域、不同规模城市洪涝灾害韧性的大小，本章按照经济和地理的相关标准将中国划分为东部、中部、西部和东北四大区域，并对各区域不同韧性等级进行了比较，如图 5.2 所示。

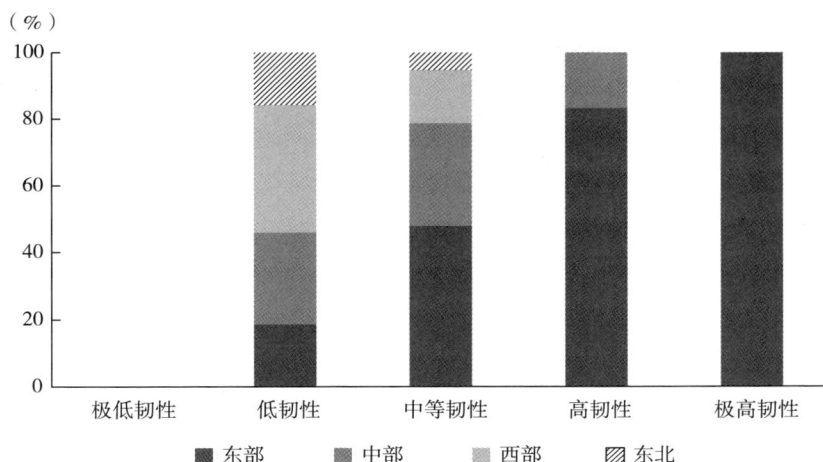

图 5.2　中国各区域不同韧性等级的比较（10 年均值）

资料来源：笔者使用 Office 软件绘制。

从图 5.2 中可以看出，韧性水平较高的城市大多位于东部地区，韧性水平居中的城市大多分布在中部地区，韧性水平较低的城市大多分布在中部和西部地区。本章通过计算得出：东部地区的 FDRI 为 0.322，中部地区的 FDRI 为 0.299，西部地区的 FDRI 为 0.288，东北地区的 FDRI 为 0.278（见表 5.1）。从不同洪涝灾害韧性水平的城市分布来看，极高韧性和高韧性的城市集中分布在东部地区，所占比例均达一半以上，分别为 100%、83.33%；中等韧性的城市以东部、中部地区为主，其比例分别为 47.87%、30.85%；低韧性城市主要分布在中部地区（27.32%）、西部地区（38.25%）和东北地区（15.85），从10 年均值情况来看，不存在极低韧性的城市（见图 5.2）。

各区域之间差异显著，主要原因在于，东部地区城市在地域优势及政策扶持的双重驱动下，各方面要素流通集聚，有能力在社会公共服务、防洪排涝工程设施、生态环境保护等方面进行高水平投资建设，大力推进产业转型升级，开发绿色低碳产业，降低资源环境依赖性。相比其他地区，经济发展质量较高，城市各系统韧性都具有明显优势；中部、西部及东北地区多为资源依赖型城市，产业结构偏向重工业、高污染产业，经济发展缓慢，工程设施发展滞后，社会保障服务欠佳，生态环境污染严重，城市各系统的韧性建设面临诸多"瓶颈"。近年来，国家对这些区域加大了财政支持与政策保障，部分地区的

FDRI 有所提升，但是这些地区城市的 FDRI 仍然普遍较低，大部分属于低韧性度或较低韧性度。据此，本章对中国各区域不同韧性等级占比情况进行了统计分析，并对不同区域城市 FDRI 各维度指数进行了比较，结果如图 5.3、表 5.1 所示。

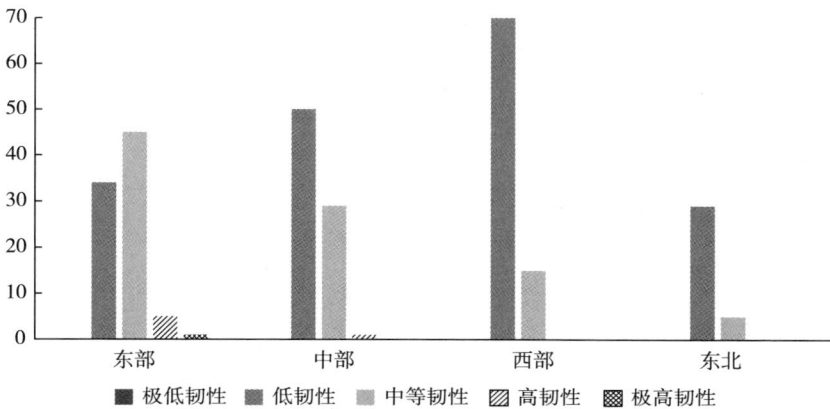

图 5.3　中国各区域不同韧性等级占比情况（10 年均值）

资料来源：笔者使用 Office 软件绘制。

表 5.1　不同区域城市 FDRI 各维度指数比较

指标		东部	中部	西部	东北
压力韧性	生态压力	0.050	0.052	0.056	0.060
状态韧性	经济状态	0.021	0.015	0.014	0.014
	社会状态	0.055	0.053	0.057	0.053
	生态状态	0.040	0.038	0.035	0.036
	工程状态	0.039	0.038	0.037	0.036
	合计	0.155	0.144	0.144	0.140
响应韧性	经济响应	0.032	0.026	0.026	0.028
	社会响应	0.037	0.024	0.024	0.020
	生态响应	0.031	0.042	0.026	0.016
	工程响应	0.017	0.011	0.012	0.014
	合计	0.117	0.104	0.088	0.079
总计		0.322	0.299	0.288	0.278

资料来源：笔者整理获得。

　　从不同地区各韧性等级的城市占比来看：东部主要为低韧性城市和中等韧性城市，比重分别为 40.00% 和 52.94%；高韧性城市和极高韧性城市占比较低，分别为 5.88% 和 1.18%。中部以低韧性城市为主，占比为 62.50%；其次是中等韧性城市，比重为 36.25%；高韧性城市占比仅为 1.25%。西部由低韧性城市和中等韧性城市组成，其中，低韧性城市占比为 82.35%，中等韧性城市占比为 17.65%。东北也是由低韧性城市和中等韧性城市组成，其中，低韧性城市占比为 85.29%，中等韧性城市占比为 14.71%。由此可见，不同地区的城市韧性类型存在较大的差异。

　　我国各区域城市 FDRI 在空间分布上呈现显著的东西方向"梯度化"的分异格局。另外，城市状态韧性维度的工程状态韧性的空间分异与总体 FDRI 一致，都呈现东部>中部>西部>东北的趋势。中部和东北地区的社会状态韧性较差，东北地区的生态状态韧性高于西部地区。从城市响应韧性维度来看，工程响应韧性呈现东部>东北>西部>中部的趋势，社会响应韧性的空间分异基本上与总体 FDRI 一致，生态响应韧性为中部地区最优。

5.1.3　不同规模城市洪涝灾害韧性的时间演变特征

　　依据《国务院关于调整城市规模划分标准的通知》，本章将城市划分为超大城市、特大城市、大城市、中等城市、小城市五类。在本章样本研究期内，超大城市 FDRI 为 0.427，特大城市的 FDRI 为 0.380，大城市的 FDRI 为 0.308，中等城市的 FDRI 为 0.290，小城市的 FDRI 为 0.282，韧性水平随着城市规模的缩小而降低。除超大城市外，其他各类城市的 FDRI 都有所上升，特大城市的 FDRI 在样本研究期内的提升幅度最大，增长比例为 9.16%；超大城市、大城市、中等城市、小城市的 FDRI 在研究期内分别增加了 6.18%、3.47%、4.96%、5.75%。相邻规模的城市之间，平均韧性水平差异不大，但是除超大城市与特大城市外的其他城市之间的韧性指数相差较大。由此可见，城市的规模大小可能对城市的韧性水平有一定影响，城市的规模越大，其发展空间越多，拥有的资源越多，韧性建设的动力和保障越强，韧性水平越高。据此，本章对中国不同规模城市的 FDRI 数据进行了统计分析，并对不同规模城市的 FDRI 各维度指数进行了比较，分别如图 5.4、表 5.2 所示。

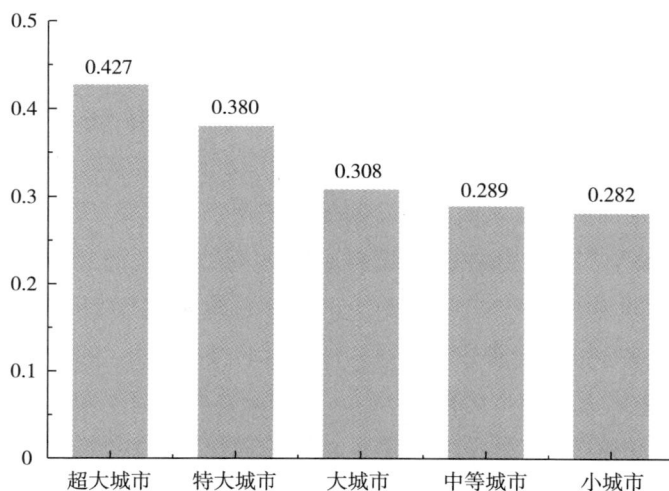

图 5.4　中国不同规模城市的 FDRI

资料来源：笔者使用 Origin 软件绘制。

表 5.2　不同规模城市 FDRI 各维度指数比较

指标		超大城市	特大城市	大城市	中等城市	小城市
压力韧性	生态压力	0.051	0.053	0.054	0.053	0.055
状态韧性	经济状态	0.037	0.027	0.019	0.015	0.013
	社会状态	0.058	0.056	0.051	0.054	0.059
	生态状态	0.038	0.040	0.038	0.037	0.036
	工程状态	0.039	0.040	0.039	0.037	0.037
	合计	0.172	0.162	0.146	0.144	0.146
响应韧性	经济响应	0.044	0.037	0.030	0.027	0.026
	社会响应	0.083	0.063	0.034	0.022	0.019
	生态响应	0.039	0.034	0.029	0.034	0.027
	工程响应	0.038	0.031	0.016	0.011	0.009
	合计	0.204	0.165	0.109	0.093	0.081
总计		0.428	0.380	0.309	0.290	0.282

资料来源：笔者整理获得。

从表 5.2 中可以看出，不同规模城市在各韧性维度上的发展状况也不尽相同。超大城市的压力韧性最低，主要原因在于天津、上海、广州、深圳位于东部沿海地区，面临的洪涝灾害压力较大。超大城市和特大城市的状态韧性遥遥领先于其他规模的城市，主要在于这些城市的财力雄厚、人口较多、规划建设相对完善、社会资源集中；大城市、中等城市、小城市之间的状态韧性差距较小，它们重视生态环境保护并不断完善工程设施，其状态韧性指数也在不断提升。各规模城市的响应韧性随着城市规模的缩小而降低，超大城市的各响应维度指数都远高于其他规模的城市，中等城市的生态响应指数与特大城市相同，其余维度的发展状况与整体发展态势一致，呈规模递减状态。

5.1.4　城市洪涝灾害韧性的时序波动分析

本章根据城市洪涝灾害韧性的评估结果及分类标准，计算出不同韧性等级城市的占比情况，如表 5.3 所示。从表 5.3 中可以看出，只有 2012 年广西壮族自治区的崇左市处于极低韧性水平，研究期内处于低韧性水平的城市占比超50%，但是比例呈下降趋势，从 2011 年的 197 个（69.37%）下降到了 2020年的 151 个（53.17%）；中等韧性水平的城市在逐步增加，从 2011 年的 79 个（27.82%）增加到了 2020 年的 116 个（40.85%）；高韧性水平的城市不足5%，从 2011 年的 7 个增加到2020 年的 13 个；极高韧性的城市数量在 2010~2018 年都比较稳定，在 2020 年才增加到 4 个，包括广东省的广州市、深圳市、珠海市、东莞市，说明我国城市洪涝灾害韧性地域差距较大且提升缓慢，跨等级上升较为艰难。

表 5.3　2011~2020 年城市洪涝灾害韧性等级占比

年份	极低韧性	低韧性	中等韧性	高韧性	极高韧性	合计
2011	0 （0.00%）	197 （69.37%）	79 （27.82%）	7 （2.46%）	1 （0.35%）	284 （100%）
2012	1 （0.35%）	237 （83.45%）	41 （14.44%）	4 （1.41%）	1 （0.35%）	284 （100%）
2013	0 （0.00%）	189 （66.55%）	86 （30.28%）	7 （2.46%）	2 （0.70%）	284 （100%）

续表

年份	极低韧性	低韧性	中等韧性	高韧性	极高韧性	合计
2014	0 (0.00%)	170 (59.86%)	106 (37.32%)	7 (2.46%)	1 (0.35%)	284 (100%)
2015	0 (0.00%)	178 (62.68%)	95 (33.45%)	10 (3.52%)	1 (0.35%)	284 (100%)
2016	0 (0.00%)	158 (55.63%)	119 (41.90%)	6 (2.11%)	1 (0.35%)	284 (100%)
2017	0 (0.00%)	133 (46.83%)	136 (47.89%)	13 (4.58%)	2 (0.70%)	284 (100%)
2018	0 (0.00%)	140 (49.30%)	131 (46.13%)	11 (3.87%)	2 (0.70%)	284 (100%)
2019	0 (0.00%)	168 (59.15%)	102 (35.92%)	13 (4.58%)	1 (0.35%)	284 (100%)
2020	0 (0.00%)	151 (53.17%)	116 (40.85%)	13 (4.58%)	4 (1.41%)	284 (100%)

资料来源：笔者整理获得。

本章根据评估结果统计得出了各城市的 FDRI 情况，如表5.4所示。通过对比期初（2011年）与期末（2020年）各城市 FDRI 的变化情况，并借鉴相关论文分类方法（郝锐，2019），本章将波动情况分为三类：相对稳定、波动较大、波动剧烈。

从表5.4中可以看出，研究期内排名相对稳定的城市有32个，波动较大的有56个，波动剧烈的有196个。在市域层面，148个城市的洪涝灾害韧性排名向着正向发展（占比52.11%），上海市、嘉兴市、湖州市、深圳市、珠海市等城市的排名未发生变动，其余131个城市的韧性排名表现出不同程度的退步。在省域层面，安徽省、广东省、河北省、吉林省、辽宁省、山东省及山西省的城市，韧性排名退步较多；福建省、河南省、湖南省、江苏省、四川省的城市，韧性排名进步较多。上海市与杭州市是波动较为剧烈的两个城市。青海省的海东市从2011年的39名倒退到2020年的266名，负向波动最为剧烈；四川省的雅安市从2011年的256名提升到2020年的84名，正向波动最为剧烈。这样的波动结果与两个城市的经济、社会、生态、工程等系统的发展特点有关。

表 5.4　中国城市洪涝灾害韧性波动情况（部分）

城市	2011 年	2020 年	排名波动	城市	2011 年	2020 年	排名波动
北京	2	5	相对稳定	菏泽	191	255	波动剧烈
天津	11	22	波动较大	郑州	37	16	波动较大
石家庄	57	51	波动较大	开封	189	147	波动剧烈
唐山	92	203	波动剧烈	洛阳	153	104	波动较大
秦皇岛	76	182	波动剧烈	平顶山	222	202	波动剧烈
邯郸	173	274	波动剧烈	安阳	110	158	波动较大
邢台	149	227	波动剧烈	鹤壁	195	171	波动较大
保定	142	230	波动剧烈	新乡	114	132	波动剧烈
张家口	119	256	波动剧烈	焦作	103	114	波动较大
承德	192	265	波动剧烈	濮阳	165	173	波动剧烈

资料来源：笔者整理获得。

5.2　城市洪涝灾害韧性的空间分布特征

5.2.1　压力韧性的空间分布特征

压力韧性主要包括反映洪涝灾害风险的气象因素指标，短期内的极端降水是引发洪涝灾害的致灾因子，属于负向影响指标，城市洪涝灾害风险越大，压力韧性值越低，城市的脆弱性越高。中国城市压力韧性总体上呈东部低、中西部高的分布态势。2011 年城市压力韧性空间分布差异较大，中东部地区形成了一个压力中低韧性集聚区，西北地区为极高和高韧性集聚区。2016 年城市压力韧性分布有所变化，极高和高韧性城市集聚区转移到了东北地区，中东部地区仍然为压力中低韧性集聚区，西部和东北地区为压力高韧性集聚区。2020年中国城市压力韧性总体上分布较为均匀，且相比 2011 年有所提升，中西部地区的中低韧性城市大为减少，东北地区的压力韧性有所降低，出现了中等韧性城市，西北地区的压力韧性有所恢复，极高韧性城市数量有所增加。总体上看，2011年、2016年、2020年，中国城市压力韧性均呈现"东部>中部>西部"的空间格局，与各区域的气候、地势地形及降水量有很大关系。

出现这种空间格局的主要原因包括以下几个方面：第一，我国各地降水量具有明显的地域性，自东南沿海向西北递减，区域间存在着较大差异。第二，气候因素导致的降雨时间集中也是引起洪涝灾害的主要原因，我国东部、中部地区位于东亚季风气候区，受太平洋和印度洋季风的影响，降雨时间集中，强度很大，全年降水量较大，绝大部分地区50%以上的降水集中在5月至9月，其中淮河到华南北部的大部分地区是50%~70%，淮河以北大部分地区和西北大部分地区，西南、华南南部则高达70%~90%。第三，起伏多变的地势对我国的气候特点、河流发育及江河洪水的形成过程有着深刻且复杂的影响，这种互相影响的机制具有随机性和必然性，目前还难以量化。一般认为，地貌对洪水形成的影响主要表现在两个方面：海拔高程和地形坡度。高程越低，地形变化越小，越容易发生洪水，我国地势总体是西高东低，呈三级阶梯状分布，众多的山脉影响了高空水汽的输送，使我国降水也呈现东多西少的大尺度带状分布特点。

5.2.2 状态韧性的空间分布特征

中国城市状态韧性总体上呈东部和西部地区高、中部地区低的分布态势。2011年，城市状态韧性空间分布差异较大，中部地区形成了一个状态中等韧性集聚区，西北地区和东部地区、东北地区多为高韧性区域，西北地区甚至存在极高韧性集聚区。2016年的城市状态韧性分布与2011年的较为相似，东部和西部地区的高韧性区域增加，低韧性区域消失，中部地区仍然为中等韧性的集聚区，但是中等韧性区域逐步减少，韧性水平有所提升。2020年，我国城市状态韧性大幅下降，中部地区的中等韧性集聚区扩大，东西部的高韧性区域转化为中等韧性水平，东部沿海地区的高韧性地带出现缺口。

出现这种空间格局的主要原因包括以下几个方面：第一，东部地区处在开放前沿，是我国经济转型升级的试验田和示范区，转型期经济发展会遭受阵痛，虽然其状态韧性水平较高，但是与期初相比仍有所下降，高韧性地带出现缺口。第二，西部地区地广人稀，平均每人住房建筑面积较大，城市人口暴露度较低，所以状态韧性水平较高，但是随着城市人口的集聚增长，城市人口洪涝灾害易损性加大，影响其状态韧性的发展。第三，中部地区多为资源依赖型产业，产业结构单一，公众从业多样性较差，易受到洪涝灾害风险的影响，所以其状态韧性相比其他区域的城市较低。

5.2.3　响应韧性的空间分布特征

我国城市响应韧性总体上呈中东部地区高、东北及西北地区低的分布态势。2011 年，城市响应韧性分布较为均匀，西北地区的响应韧性形成了极低韧性集聚区，东北地区也存在极低韧性的区域。2016 年，城市响应韧性空间分布差异较大，且韧性水平有所提升，中东部地区逐步从极低韧性转化为中等韧性并出现中等韧性集聚区，西北地区和东北地区的极低响应韧性区域有所减少，其余区域仍保持为低韧性。2020 年，城市响应韧性大幅提升，极低韧性区域消失，出现极高韧性区域，中东部地区的低韧性区域逐步转为中等韧性，西北和东北地区的响应韧性有所恢复，但仍然为低韧性的集聚区。响应高韧性区域主要分布在中东部地区的省会城市，原因在于这些地区的经济和社会系统较为良好，能带动生态和工程系统的发展，可以形成良好的响应韧性。

出现这种空间格局的主要原因包括以下几个方面：第一，为了应对全球气候变暖及气候风险的加剧，我国大力推进美丽河湖建设，不断改善水环境、水生态，河网密度逐渐加大，水库数量和容量也逐渐增加，使我国各地区洪涝灾害响应韧性有所提升。第二，中东部地区的省会城市经济多样性较高，居民对洪涝灾害影响的承受能力较强，其经济响应韧性和社会响应韧性良好，能带动生态响应韧性和工程响应韧性的发展，整体响应韧性水平较高。第三，西部地区多为"水制约型"地区，水资源稀缺，河网密度较低，水库修建的数量和容量也较低，影响了其生态响应韧性的发展，但是由于近年来这些城市也多次发生极端降水的情况，引发洪涝灾害，所以这些地区也开始重视生态韧性建设，从整体上提高了城市的响应韧性水平。

5.2.4 综合韧性的空间分布特征

我国城市洪涝灾害韧性呈东部高、中西部低的分布态势。2011 年，高韧性城市主要分布在东部地区的广东省与部分中部地区的省会城市。2016 年，城市洪涝灾害韧性东强西弱的格局进一步强化，高韧性城市主要分布在东部地区的广东，以及北京、天津和上海等发展较为先进的城市，广大中西部地区多为中等韧性、低韧性城市。2020 年，城市洪涝灾害韧性主要表现为东部地区和中部地区的省会城市韧性水平较高，其余城市韧性水平较低的结构，东部沿海地区高韧性城市带、中部地区省会高韧性城市辐射带动了中等韧性城市的提升；西北和东北地区城市韧性的分布更具差异化，高低韧性度的城市相间分布，整体上韧性呈提升趋势。从总体上看，2011 年、2016 年、2020 年，中国城市洪涝灾害韧性均呈现"东部>中部>西部"的空间格局，区域差异较大，这主要是由于不同区域城市的经济基础、社会资源不同，在洪涝灾害韧性建设方面的财政支持与政策保障也存在差异。

5.3 城市洪涝灾害韧性的动态演进特征

5.3.1 Kernel 密度估计模型

Kernel 密度估计能够清晰地刻画中国城市洪涝灾害韧性的动态演进情况，传统的 Kernel 密度估计式如下：

$$f(x) = \frac{1}{Nh} \sum_{i=1}^{N} K\left(\frac{X_i - x}{h}\right) \tag{5.1}$$

$$K(x) = \frac{1}{\sqrt{2\prod}} \exp\left(-\frac{x^2}{2}\right) \tag{5.2}$$

其中，K（·）为高斯核函数；N 为样本数；X 为样本值；x 为样本均值；h 为带宽。带宽决定了核密度曲线的光滑程度和估计精度，带宽越大，曲线越光滑，估计精度越低；带宽越小，曲线越不光滑，估计精度越高。为了全面掌握中国城市洪涝灾害韧性形态的演化特征，本章借鉴沈丽等（2019）的做法，引入了条件核密度估计，以刻画中国城市洪涝灾害韧性的动态演进，公式如下：

$$g(y \mid x) = \frac{f(x, y)}{f(x)} \qquad (5.3)$$

$$f(x, y) = \frac{1}{Nh_x h_y} \sum_{i=1}^{N} K_x \left(\frac{X_i - x}{h_x} \right) K_y \left(\frac{Y_i - x}{h_y} \right) \qquad (5.4)$$

其中，$g(y \mid x)$ 为考虑空间条件的 Kernel 密度；$g(y \mid x) f(x, y)$ 为 x 和 y 的联合概率密度。

在核密度图中，X 轴和 Y 轴表示城市洪涝灾害韧性水平，Z 轴表示 X-Y 平面内每一点的密度（概率）。在密度等高线图中，X 轴和 Y 轴代表效率水平，密度等高线表示不同的密度值，位置越靠近中心的等高线，密度值越高；等高线越密集，说明密度变化越大，对应的核密度图形越陡峭。

5.3.2　动态演进分析

本章的动态演进分析过程具体如下：首先，采用无条件核密度估计，考察中国城市洪涝灾害韧性从 t 年到 $t+3$ 年的变动情况；其次，采用空间条件下的静态核密度估计，考察 t 年相邻城市洪涝灾害韧性的空间关联情况；最后，加入时间跨度，考虑相邻城市 t 年洪涝灾害韧性对本城市 $t+3$ 年洪涝灾害韧性的长期影响。据此，本章分别绘制出了城市洪涝灾害韧性无条件核密度图及等高线图、城市洪涝灾害韧性空间条件静态核密度图和等高线图、城市洪涝灾害韧性空间条件动态核密度图和等高线图，分别如图 5.5~图 5.7 所示。图 5.5~图 5.7 的核密度图中的横轴和纵轴表示城市洪涝灾害韧性指数，Z 轴表示平面内每个点的密度。

5.3.2.1　中国城市洪涝灾害韧性的无条件核密度估计

在图 5.5 中，正对角线反映城市洪涝灾害韧性演进趋势，横轴为 t 年本地区洪涝灾害韧性水平，纵轴为 $t+3$ 年本地区洪涝灾害韧性水平，若概率主体集中在正对角线左右，表明从 t 到 $t+3$ 年的城市洪涝灾害韧性变动不显著，若

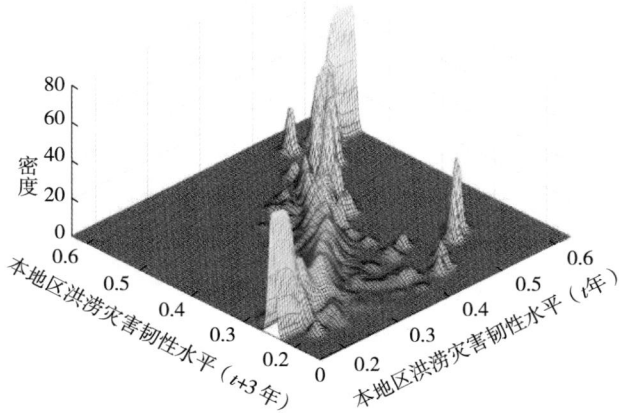

（a）无条件核密度

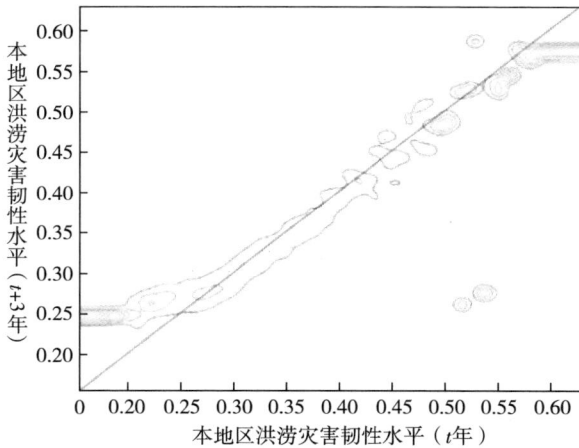

（b）无条件核密度等高线

图 5.5　城市洪涝灾害韧性无条件核密度图及等高线图

资料来源：笔者分别使用 R 软件和 Matlab 软件绘制。

集中在负对角线附近，则表明研究期内城市洪涝灾害韧性变动较大，如原高韧性水平的城市变为低韧性水平；若概率主体聚集于纵轴的某个值附近且近似平行于横轴，则表明城市洪涝灾害韧性逐渐收敛，韧性水平不易发生变动。从

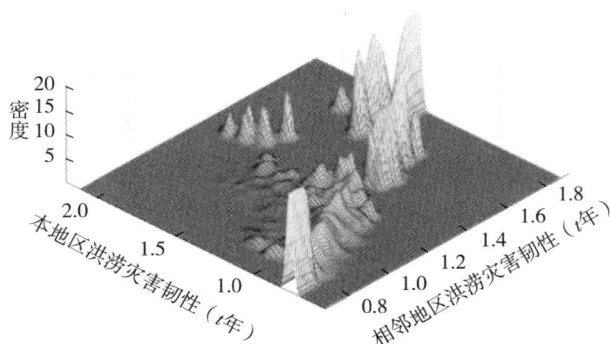

（a）空间静态核密度

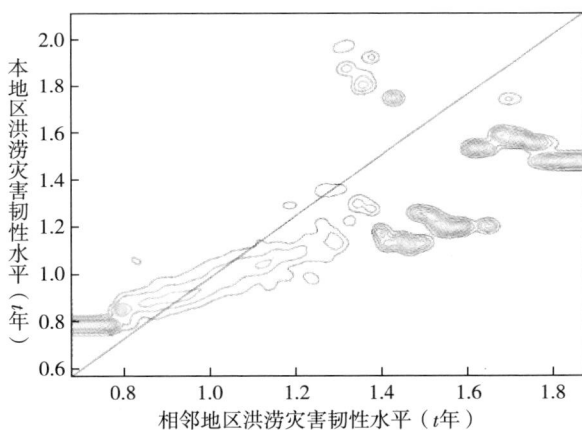

（b）空间静态核密度等高线

图 5.6　城市洪涝灾害韧性空间条件静态核密度图和等高线图

资料来源：笔者分别使用 R 软件和 Matlab 软件绘制。

图 5.5 中可以看出，概率主体主要沿正对角线分布，表明城市洪涝灾害韧性水平的持续性较强，不易随时间的变动而大幅变动；同时，概率主体存在 4 个波峰，分别处于横轴的 0.1、0.5、0.55、0.6 附近，其中 $x=0.1$ 的波峰略高于正对角线，平行于 $y=0.25$，$x=0.6$ 的波峰略低于正对角线，表明在无条件核密度估计下，洪涝灾害韧性低于 0.1 的城市 3 年后韧性水平会趋于 0.25，而高于 0.6 的城市的韧性水平在 3 年后会下滑。

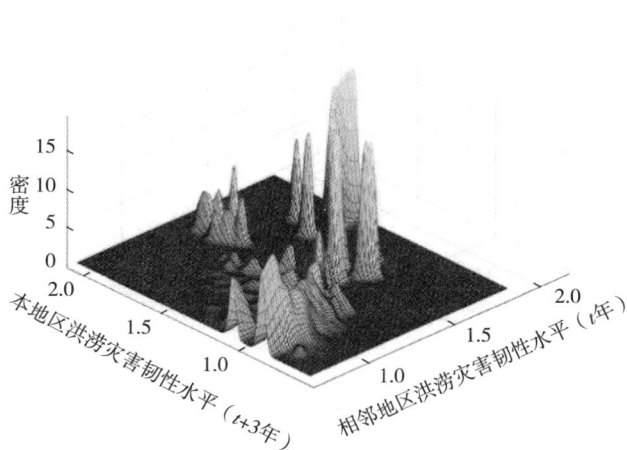

（a）空间动态核密度

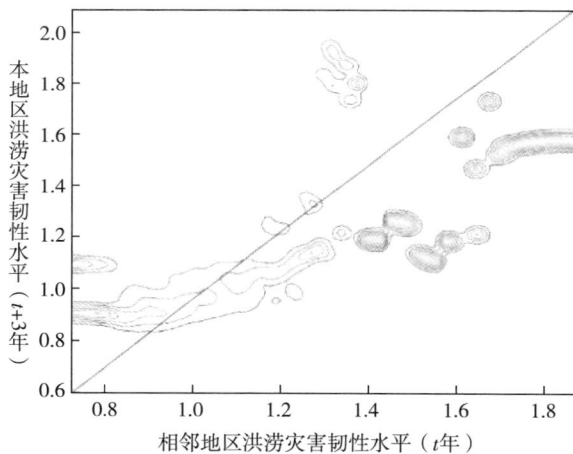

（b）空间动态核密度等高线

图 5.7　城市洪涝灾害韧性空间条件动态核密度图和等高线图

资料来源：笔者分别使用 R 软件和 Matlab 软件绘制。

5.3.2.2　中国城市洪涝灾害韧性的空间条件静态核密度估计

图 5.6 报告了在考虑相邻地区洪涝灾害韧性水平影响情况下本地区洪涝灾害韧性水平的演变趋势，图中横轴为相邻地区 t 年的洪涝灾害韧性水平，纵轴为本地区 t 年的洪涝灾害韧性水平，Z 轴表示 X 条件下 Y 的概率。若中国城市

洪涝灾害韧性水平增长呈区域收敛模式，相邻城市之间存在正空间相关性，即高韧性城市与高韧性城市集聚、低韧性城市与低韧性城市集聚，概率主体会集中在正对角线附近。从图 5.6 中可以看出，中国城市洪涝灾害韧性水平在空间静态条件下的演进态势出现"断层"，0.8、1.4 是分界点，演进态势截然不同。当相邻城市的韧性水平小于 0.8 时，概率主体平行于 $y=0.8$，说明在空间静态条件下，城市洪涝灾害韧性低于 0.4 的城市韧性水平集中在 0.8，当相邻城市洪涝灾害韧性水平在 0.8~1.4，概率主体集中在正对角线附近，这些城市的洪涝灾害韧性水平呈显著正相关性，相邻城市间的要素可以很好地进行流通，协同提升洪涝灾害韧性水平。当相邻城市的韧性水平高于 1.4 时，概率主体明显向下偏离，横轴在 1.4~1.6 时，集中于 Y 轴的 1.0~1.2，横轴在 1.6~1.8 时，集中于 Y 轴的 1.4~1.6，说明当城市洪涝灾害韧性水平大于一定值之后，即使与水平更高的城市相邻，也很难推动自身城市洪涝灾害韧性水平的发展，必须依靠多元化的产业和高新技术支持，才能够实现本地区洪涝灾害韧性水平的跨越式发展。

5.3.2.3　中国城市洪涝灾害韧性的空间条件动态核密度估计

本章进一步在空间条件下考虑时间跨度，分析当前相邻地区韧性水平对本地区洪涝灾害韧性未来发展水平的动态影响。在图 5.7 中，横轴为相邻地区 t 年的洪涝灾害韧性水平，纵轴为本地区 $t+3$ 年的洪涝灾害韧性水平。图 5.7 中概率主体的分布与图 5.6 相比存在一定差异，表明时间变动会影响相邻城市洪涝灾害韧性的交互作用。从图 5.7 中可以看出，0.9、1.4 是分界点，当相邻地区 t 年的韧性水平低于 0.9 时，概率主体平行于横轴，分布在纵轴 0.8~1.0，与图 5.6 相比，平行于横轴的趋势更为显著，且位置靠上，表明考虑时间滞后情景下，0.9 以下的相邻地区与本地区的洪涝灾害韧性发展相关性更弱。

当相邻地区洪涝灾害韧性水平处于 0.9~1.4 时，概率主体集中在正对角线附近，此时地区间洪涝灾害韧性呈显著的正相关性，但图 5.7 中概率主体在纵轴上的分布较为分散，城市间的韧性水平相关性随着时间的变化逐渐变弱。当相邻地区洪涝灾害韧性高于 1.4 时，滞后期的作用效果不显著，概率主体的分布情况与图 5.6 大致保持一致。由此可以看出，时间滞后情景下，中、低韧性水平的相邻地区空间关联作用在明显减弱，但是高韧性水平的相邻地区关联作用不显著。

5.2.3 相对差异分析

本章分析了城市洪涝灾害韧性动态演化的相对差异性，以进一步反映我国城市洪涝灾害韧性的动态演进特征，本章具体采用最大值、最小值、平均值、变异系数、偏度系数和峰度系数来体现，如表5.5所示。

表5.5 中国城市洪涝灾害韧性指数描述性统计

年份	平均值	最大值	最小值	大于平均值的城市个数	偏度系数	峰度系数	变异系数
2011	0.294	0.547	0.209	114	1.934	6.221	0.140
2012	0.267	0.525	0.199	110	1.921	6.126	0.161
2013	0.298	0.529	0.229	103	2.077	6.091	0.150
2014	0.301	0.587	0.231	111	2.324	8.816	0.146
2015	0.300	0.573	0.230	108	2.228	7.479	0.146
2016	0.304	0.570	0.242	112	2.645	12.066	0.123
2017	0.314	0.578	0.247	99	2.208	6.604	0.146
2018	0.312	0.562	0.230	112	2.029	6.191	0.143
2019	0.304	0.545	0.233	108	2.028	5.562	0.147
2020	0.309	0.537	0.230	107	1.907	4.904	0.159

资料来源：笔者整理获得。

从表5.5中可知，2011~2020年中国城市FDRI平均值在0.30左右，在2017年达到最高，为0.314；最小值在逐年递增从2011年的0.209增加到2020年的0.230；大于平均值的城市个数由2011年的114个减少到2020年的107个，说明部分城市的FDRI在下降。偏度系数可以衡量中国城市FDRI分布的不对称性，辅助判定其分布的不对称程度与方向。本章的计算结果显示，城市FDRI的偏度系数均大于0，呈现右偏态分布且不断递增，表明城市洪涝灾害韧性水平较高的城市占比较少，且在数量上有所减少。峰度系数可以衡量中国城市FDRI分布是陡峭还是平缓，主要是与正态分布进行比较。本章的计算结果显示，城市 FDRI 的峰度系数均为正值，表明其相较标准正态分布更陡峭，两侧较多极端数据，韧性水平相近的城市趋于集中分布。这与前文分析的空间分布特征吻合。从变异系数结果来看，这个系数在 0.14 左右波动，呈现出的变异程度表明中国城市 FDRI 虽然整体呈上升趋势，但是城市间存在一定差异且差异在小范围内进行波动，这反映出中国城市 FDRI 的不均衡性。

5.4　城市洪涝灾害韧性的时空探索性分析

5.4.1　时空探索性分析模型

探索性时空数据分析（ESTDA）可以有效解读研究对象的时空交互特征和时间演变规律，本章使用该方法来刻画中国城市洪涝灾害韧性的时空演化情况。ESTDA 通过 Moran's I 反映研究对象的空间依赖情况，通过 LISA 时间路径反映研究对象的时空交互变化特征。LISA 测算由相对长度（Γ_i）和弯曲度（Δ_i）两个关键指标组成，公式如下：

$$\text{LISA 时间路径相对长度：} \Gamma_i = \frac{n \times \sum\limits_{t=1}^{T-1} d(L_{i,t}, L_{i,t+1})}{\sum\limits_{i=1}^{n} \sum\limits_{t=1}^{T-1} d(L_{i,t}, L_{i,t+1})} \tag{5.5}$$

$$\text{LISA 时间路径弯曲度：} \Delta_i = \frac{\sum\limits_{t=1}^{T-1} d(L_{i,t}, L_{i,t+1})}{d(L_{i,t}, L_{i,t+1})} \tag{5.6}$$

其中：T 为时间间隔；n 为单元数量；$L_{i,t}$ 为 t 年 i 城市 LISA 坐标位置，即 $(y_{i,t}, yL_{i,t})$；$d(L_{i,t}, L_{i,t+1})$ 为城市 i 在 t 到 $t+1$ 年间坐标移动长度，移动长度大于整体平均值，则该城市的 $\Gamma_i > 1$，表明 i 城市的洪涝灾害韧性水平局部空间依赖性更加动态，反之亦然。Δ_i 越大说明弯曲度越大，即 i 城市受相邻城市的影响越大，反之则越小。

LISA 时间路径平均移动方向：$\theta_i = \arctan \dfrac{\sum\limits_{j} \sin\theta_j}{\sum\limits_{j} \cos\theta_j}$ （5.7）

本章统计了 LISA 时间路径平均移动方向类型，具体如表 5.6 所示。

表 5.6 LISA 时间路径平均移动方向类型

移动方向	移动含义
0°~90°	本地区与相邻地区都增长
90°~180°	本地区呈低增长趋势，而相邻地区保持高增长趋势
180°~270°	本地区与相邻地区都降低
270°~360°	本地区呈高增长趋势，而相邻地区呈低增长趋势

资料来源：笔者根据刘华军等（2021）整理获得。

5.4.2 城市洪涝灾害韧性的全局自相关分析

本章采用空间自相关（Moran's I）揭示中国城市洪涝灾害韧性的空间关联性，统计了 2011~2020 年 Moran's I 的值，如表 5.7 所示。由表 5.7 可以看出，表中的数值均大于 0，而且伴随概率 $P<0.05$，均通过了 5% 的显著性检验，表明相邻城市的 FDRI 在空间上呈高—高、低—低的集聚特征；研究期内，Moran's I 值随着时间变动逐渐升高，从 2011 年的 0.316 上升为 2020 年的 0.368，表明随着城市各系统资本投入的增加，经济社会发展迅速，工程设施建设良好，生态环境保护力度加大，城市洪涝灾害韧性水平逐渐提升，呈现明显的空间集聚特征，且集聚程度不断增大。

表 5.7 城市洪涝灾害韧性指数全局 Moran's I 值检验

年份	Moran's I	Z 值	P 值
2011	0.316	7.832	0.000
2012	0.334	8.964	0.000
2013	0.301	7.176	0.000
2014	0.342	8.767	0.000
2015	0.314	7.579	0.000
2016	0.384	9.721	0.000

年份	Moran's I	Z 值	P 值
2017	0.328	8.327	0.000
2018	0.349	8.576	0.000
2019	0.330	8.040	0.000
2020	0.368	9.348	0.000

资料来源：笔者基于邻接权重矩阵，使用 Stata16 软件整理获得。

5.4.3 城市洪涝灾害韧性的时间路径分析

从我国城市洪涝灾害韧性的 LISA 时间路径相对长度来看，整体呈东部小于西部的态势，相对长度较大的地区集中在西北地区的陕西省、甘肃省，以及中东部地区的北京市、天津市、上海市、深圳市、南昌市等，表明这些区域的洪涝灾害韧性局部空间结构的动态性较强；相对长度较小的地区集中在东北地区、东部地区及部分中部地区，这些区域的发展较为稳定，原因在于陕甘蒙地区属于强资源依赖型地区，经济发展较为粗放且长期未得到有效转变，而北京、上海、天津、深圳等城市的经济发展较为发达，洪涝灾害的状态和响应程度较好，洪涝灾害韧性建设取得了长足进展，空间格局波动性较强；东北地区和中部地区的经济较为落后，虽然近年来也在积极开展韧性建设，但受限于人才、技术、资金等，发展较为缓慢，所以整体空间格局稳定性较强，东部地区的经济发展迅速，韧性建设支持力度较大，韧性水平稳步增长，空间格局变动较为稳定。

从城市洪涝灾害韧性的 LISA 时间路径弯曲度来看，我国城市大部分区域的弯曲度较低，表明其在空间依赖方向上的波动性较弱，空间变迁过程较稳定。中东西地区存在弯曲度较高的聚集区，如西部的陕甘地区及东部的上海、浙江、广东、海南，中部地区的河南、湖南、安徽，这些地区的城市洪涝灾害韧性在空间依赖方向上的波动性较强，空间变迁过程较不稳定，主要原因在于大部分城市的韧性建设是循序渐进的，受相邻地区的发展影响较小。西北地区弯曲度较高的聚集区，整体发展较落后，抗外界干扰能力较弱，灾害爆发时，其韧性水平波动较为剧烈导致差异加剧；东部地区整体发展较为良好，韧性理念引进较早且发展较为迅速，所以波动巨大。

从城市洪涝灾害韧性的 LISA 时间路径移动方向来看，协同增长的城市共212 个，占研究城市的 74.65%，表明城市洪涝灾害韧性格局呈现较强的空间协同性。其中，正向协同增长的城市有 117 个，主要分布于中部地区、东部地区及西南地区，呈现洪涝灾害韧性协同高速增长的特征；负向协同增长的城市有 95 个，主要集中在东北地区和部分东南沿海地区，呈现洪涝灾害韧性协同低速增长的特征。

5.5　城市洪涝灾害韧性的状态转移分析

5.5.1　Markov 链分析方法

运用 Markov 链可以计算城市洪涝灾害韧性的状态转移概率，因此本章将其与 ESTDA 方法相结合，进一步考察中国城市洪涝灾害韧性的动态演进趋势。

在随机过程 $\{x(t)$，$t \in T\}$ 中，令随机变量 $X_t = j$，表示在 t 时系统的状态为 j，满足下式：

$$X_t = jP\{X_t = j \mid X_{t-1} = i，X_{t-2} = i_{t-2}，\cdots，X_0 = i_0\} = P\{X_t = j \mid X_{t-1} - 1 = i\} = P_{ij}$$

$$(5.8)$$

假设 P_{ij} 为某城市洪涝灾害韧性从 t 年第 i 种状态转移到 $t+1$ 年第 j 种状态的转移概率，n_i 为样本期内第 i 种洪涝灾害韧性状态所出现的总次数，n_{ij} 为洪涝灾害韧性水平由第 i 种状态转移到第 j 种状态所发生的次数，计算式如下：

$$P_{ij} = n_{ij} / n_i$$

$$(5.9)$$

本章构建了空间 Markov 链，以考察空间情景下各城市洪涝灾害韧性的状态转移情况。本章设定了空间地理权重矩阵，并把转移概率矩阵分解为 $N \times N \times N$，则 P_{ij} 为某城市在 t 年空间滞后为 N_i 的情况下，从 t 年的 i 类型转移到 $t+1$ 年的 j 类型的概率，这可以进一步展现中国城市洪涝灾害韧性在空间效应下的演进情况。

5.5.2　状态转移分析

5.5.2.1　传统 Markov 链状态转移分析

本章将中国城市洪涝灾害韧性水平按照得分高低分为 4 个水平：25% 以内为低水平、26% ~ 50% 为中等水平、51% ~ 75% 为高水平、高于 75% 为极高水平，通过式（5.8）和式（5.9）计算得出 2011 ~ 2020 年时间跨度为 1 年、2 年、3 年、4 年和 5 年的中国城市洪涝灾害韧性状态转移的 Markov 转移概率矩阵，具体结果如表 5.8 所示。

表 5.8　中国城市洪涝灾害韧性状态转移的 Markov 转移概率矩阵

时间跨度 T/年	类别	低	中	高	极高
1	低	0.674	0.158	0.105	0.063
	中	0.391	0.304	0.158	0.147
	高	0.158	0.250	0.283	0.308
	极高	0.078	0.055	0.218	0.649
2	低	0.616	0.187	0.106	0.092
	中	0.340	0.278	0.213	0.169
	高	0.132	0.210	0.306	0.352
	极高	0.025	0.092	0.208	0.676
3	低	0.561	0.179	0.123	0.137
	中	0.296	0.280	0.205	0.219
	高	0.149	0.183	0.280	0.388
	极高	0.040	0.093	0.195	0.672
4	低	0.507	0.185	0.120	0.188
	中	0.333	0.265	0.185	0.216
	高	0.197	0.150	0.272	0.380
	极高	0.061	0.103	0.216	0.620
5	低	0.425	0.192	0.177	0.206
	中	0.287	0.231	0.183	0.299
	高	0.163	0.138	0.265	0.434
	极高	0.079	0.065	0.155	0.701

资料来源：笔者使用 R 软件计算获得。

从表5.8中可以看出，首先，在不同时间跨度中，对角线上的概率值较高，从低韧性转移到低韧性、从极高韧性转移到极高韧性的值均高于0.5，说明不考虑相邻地区的影响时，各城市洪涝灾害韧性水平的发展态势较为稳定、持续性强不易从一个状态跃迁为另一个状态，进一步验证了无条件核密度的估计结果。其次，随着时间跨度的延长，对角线上的概率值有所下降，各城市洪涝灾害韧性水平发生轻微变动，表明收敛趋势随着时间的变动而逐渐变弱，开始出现韧性水平的流动。最后，城市洪涝灾害韧性的状态通常转移为临近水平，在各时期的转移概率矩阵中，不与对角线直接相邻的数值反映韧性水平跨越式变化的概率，除 $T=4$ 时极高水平向中水平转移为0.103外，其余时间跨度条件下极高水平向中、高水平以下转移的概率均不超过0.1；低水平向极高水平转移的概率虽然较低，但随着时间的增长，实现跨越式增长的概率也在逐渐增大。

5.5.2.2 空间 Markov 链状态转移分析

本章计算得出了加入空间滞后的 Markov 转移概率矩阵，具体如表5.9和表5.10所示。从表5.9和表5.10中可以看出，无论处于何种时间，对角线上的转移概率值都处于较高水平，表明同时考虑时间和空间的影响，各城市洪涝灾害韧性仍趋于稳定。从中国城市洪涝灾害韧性水平分布的内部流通性来看，高韧性地区的流动性最差，存在所谓的"高水平垄断"现象，同时存在"低水平陷阱"现象。由此可见，中国城市洪涝灾害韧性发展逐渐形成了"俱乐部趋同"特征，其中高韧性水平和低韧性水平的俱乐部趋同特征较为显著。对比原始数据可以发现，低水平俱乐部主要为中小城市，发展较为缓慢；高水平俱乐部主要为资源丰富的特大城市和超大城市，均不易受到相邻地区的影响。

表5.9 $T=1$ 时空间 Markov 转移概率矩阵

$T=1$	类别	低	中	高	极高
低	低	0.717	0.144	0.084	0.055
	中	0.473	0.255	0.145	0.127
	高	0.183	0.317	0.267	0.233
	极高	0.156	0.000	0.031	0.813

T=1	类别	低	中	高	极高
中	低	0.667	0.158	0.129	0.047
	中	0.381	0.364	0.143	0.113
	高	0.179	0.276	0.269	0.276
	极高	0.099	0.062	0.247	0.593
高	低	0.442	0.231	0.173	0.154
	中	0.376	0.247	0.180	0.197
	高	0.143	0.242	0.277	0.338
	极高	0.090	0.079	0.270	0.562
极高	低	0.588	0.206	0.118	0.088
	中	0.262	0.369	0.185	0.185
	高	0.151	0.219	0.307	0.323
	极高	0.060	0.046	0.201	0.693

资料来源：笔者使用 R 软件计算获得。

表 5.10　T=5 时空间 Markov 转移概率矩阵

T=5	类别	低	中	高	极高
低	低	0.470	0.203	0.157	0.171
	中	0.295	0.193	0.227	0.284
	高	0.194	0.129	0.161	0.516
	极高	0.000	0.000	0.105	0.895
中	低	0.376	0.118	0.259	0.247
	中	0.271	0.333	0.155	0.240
	高	0.138	0.184	0.230	0.448
	极高	0.130	0.111	0.148	0.611
高	低	0.242	0.303	0.152	0.303
	中	0.297	0.188	0.178	0.337
	高	0.193	0.096	0.304	0.407
	极高	0.116	0.070	0.151	0.663
极高	低	0.450	0.200	0.100	0.250
	中	0.297	0.081	0.189	0.432
	高	0.137	0.157	0.275	0.431
	极高	0.056	0.056	0.163	0.724

注：T=2，3，4 的结果参见附录 3。

资料来源：笔者使用 R 软件计算获得。

另外，当相邻地区洪涝灾害韧性处于中等水平时，概率主体开始分布在正对角线附近，各城市洪涝灾害韧性正空间相关性显著，即邻近高韧性地区时，概率主体有更高概率向上转移；邻近低韧性地区时，向下转移的概率更高，这说明俱乐部趋同现象也与相邻地区的韧性水平有关。同时，从表5.9和表5.10可以看出，城市洪涝灾害韧性总体分布中的稳定性逐渐减弱，城市的固化分布现象逐步瓦解，随着时间的积累，城市洪涝灾害韧性发展的俱乐部趋同现象得到了缓解和控制，但是从数据来看，缓解有限，低韧性城市不易跳出"低水平陷阱"，高韧性城市的"垄断"局面也更难瓦解。这种现象背后的原因在于，低水平俱乐部的状态韧性和响应韧性有待加强，这些城市的经济实力明显落后，社会保障能力较差，对于生态和工程韧性建设的投入受限，这些差距导致不同俱乐部的洪涝灾害韧性发展存在差距，且随着时间的推移，两大俱乐部产生了"循环积累因果"效应，从而出现了较为严重的"马太效应"。

除此之外，本章在研究中还发现：当 $T=5$ 时，低、中、高水平城市对角线上的概率值要比 $T=1$ 时的概率值更低，表明随着时间跨度的延长，相邻城市对于本城市洪涝灾害韧性水平的提升作用在逐渐减弱。同时，当 $T=1$ 时，高水平城市的相邻城市实现从低到高的跨越式提升的概率为0.154，其余的不与对角线数值直接相邻的概率值均未超过0.1；但是当 $T=5$ 时，不与对角线数值直接相邻的概率值最高可以达到0.303。这表明，随着时间的推移，各城市洪涝灾害韧性的流动性开始增强，实现跨越式提升的概率在加大，相邻城市的韧性水平可以辐射影响本地区的韧性提升。

5.6 本章小结

本章基于中国城市洪涝灾害韧性评估结果，从不同韧性维度、不同城市规模分析了其时间演变特征及波动情况，从压力韧性、状态韧性、响应韧性、综合韧性等维度对比分析了其空间分布特征，并采用 Kernel 密度估计、ESTDA、Markov 链等方法分析了其动态演进特征和状态转移情况。本章研究得出的主要结论如下：

（1）在时间维度上，我国洪涝灾害韧性水平在逐步提升，压力韧性发展较为平稳，状态韧性波动较大且有所降低，响应韧性提升较为明显，其中状态韧性限制了整体韧性水平的提升，响应韧性略微减轻了状态韧性下降对整体韧性水平产生的负面影响。我国城市洪涝灾害韧性呈现低度韧性占比居多、高度韧性占比较少的特征。超大城市或省会城市多为高韧性城市，中部、西部地区城市多为低韧性城市。

（2）在空间维度上，城市洪涝灾害韧性呈东部高，中部、西部低的分布态势，整体上韧性水平呈上升趋势；压力韧性总体上呈东部低，中部、西部高的分布态势，分布较为均匀，随着时间的推移，中西部地区的中低韧性城市大为减少，东北地区部分城市出现韧性等级的下降，西北地区的压力韧性有所恢复，极高韧性城市数量有所增加；状态韧性总体上呈中部、东部地区高，东北及西北地区低的分布态势，随着时间的推移，极低韧性区域消失，出现极高韧性区域，中部、东部地区的低韧性区域逐步转为中等韧性，西北和东北地区的状态韧性有所恢复，但仍然为低韧性的集聚区；响应韧性整体呈东部和西部地区高、中部地区低的分布态势，随着时间的推移，中部地区的中等韧性集聚区扩大，东部、西部的高韧性区域转化为中等韧性水平，东部沿海地区的高韧性地带出现缺口。

（3）核密度估计显示，不考虑城市间的空间关联影响，各城市韧性水平具有较强的持续性。在空间情境下，静态与动态估计结果存在微弱的差别，当城市韧性水平较高时，相邻地区的韧性水平难以对其产生显著影响，中、低韧性水平的相邻地区，其空间关联作用随着时间的推移逐渐减弱，同时我国城市FDRI 虽然整体呈上升趋势，但是城市间存在一定差异且差异在小范围内波动，存在不均衡性。

（4）空间关联分析表明，由 Moran's I 可知，样本考察期内的城市洪涝灾害韧性具备空间依赖性，表现出显著的空间集聚态势。我国城市洪涝灾害韧性的局部时空格局动态变迁路径差异显著，局部空间结构和空间依赖方向的稳定性较强，呈现协同增长与空间竞争并存的局面。相对长度较大的地区集中在西北部地区及中东部地区的省会城市，相对长度较小的地区集中在东北地区、东部地区及部分中部地区，这些地区的局部空间结构最为稳定；我国城市大部分区域的弯曲度较低，表明其在空间依赖方向上的波动性最弱，空间变迁过程最稳定，中部、东部和西部地区存在弯曲度较高的聚集区；正向协同增长的城市有 117 个，主要分布于中部地区、东部地区及西南地区，负向协同增长的城市有 95 个，主要集中在东北地区和部分东南沿海地区。

（5）状态转移结果表明，中国各城市洪涝灾害韧性发展趋势较为稳定，流动性差、持续性强，城市的韧性等级之间不容易发生跃迁；各城市洪涝灾害韧性的收敛趋势随着时间的推移而减弱，流动性开始逐渐提升；城市洪涝灾害韧性的状态转移通常发生在相邻类型之间，但随着时间的推移，实现跨越式增长的概率也在逐渐加大，相邻城市的韧性水平可以辐射影响本地区的韧性提升，但影响较为有限，仍需依靠自身的技术创新和管理创新，才能够实现本地区韧性水平的跨越式发展。

第6章 城市洪涝灾害韧性
提升的路径分析

　　如何提升城市的洪涝灾害韧性，增强洪涝灾害应对能力，是灾害治理的重要议题。城市面临灾害风险的外部冲击和自身可持续发展的内生需求，亟须进行治理体系和治理能力的创新。基于城市生命体理念，可以从搭建韧性路径、合理配置资源、锤炼韧性能力、稳态提升韧性效果这四条路径提升城市的韧性水平。但是，城市的灾害韧性提升也需从仅考虑恢复能力的"被动韧性"转变到主动学习适应的"转型韧性"，从根本上减弱城市系统应对灾害的脆弱性。当前对城市洪涝灾害韧性的治理研究多从空间建设与技术探索等方面展开，且多停留在理论分析阶段，较少从实证层面探索其提升路径。

　　本章对城市洪涝灾害韧性水平的时空特征及演化趋势展开了研究，发现城市洪涝灾害韧性水平具有动态性和复杂性，区域之间存在较大差异，说明不同城市由于生态环境、资源禀赋、经济基础等不同，其韧性发展背后的逻辑也不尽相同，后续阶段的建设方向和侧重点也应有所区别。本章拟采用适用性更强的 fsQCA 分析方法，从实证研究层面探索形成洪涝灾害韧性的多个组合因素所产生的联动效应，试图解释高韧性形成的复杂性因果问题，探析提升城市洪涝灾害韧性的多重组态路径。

6.1 城市洪涝灾害韧性的 TOE 分析模型

6.1.1 技术—组织—环境的结构组成

TOE 理论框架分为技术、组织、环境三个维度，由于其具有很强的灵活性和可操作性，可以根据不同的研究对象进行适应性调整，被广泛应用于多个研究领域和不同的研究尺度。城市洪涝灾害韧性水平的提升受到多种复杂因素的影响，其中，技术是韧性提升的基石，组织是韧性提升的保障，环境决定韧性提升的上限，三种因素与城市洪涝灾害韧性水平不是简单的线性关系，而是通过协同耦合、共同影响的方式实现城市的韧性提升。本章从 TOE 理论视角出发，尝试探索多要素协同驱动城市洪涝灾害韧性提升的多重路径，从组态的思维探究多维度要素的协同配置对城市洪涝灾害韧性水平的影响，多视角、多方法解释高韧性城市形成的复杂因果逻辑。

6.1.2 技术—组织—环境的逻辑内涵

6.1.2.1 技术维度

近年来，随着气候变化和城市化进程加快，洪涝灾害的频率和规模也逐渐加大，如何加强洪涝灾害的防治成为一个亟待解决的问题。加强实施洪涝灾害防治技术措施是当前应对洪涝灾害的关键，需要各级政府、科研单位、企事业单位的积极参与。只有通过不断地探索和实践，我们才能够更好地应对未来可能出现的更加频繁和严重的洪涝灾害。其中，水文监测是洪涝灾害预防的重要环节，可以对地表水、地下水、土壤水等水文要素进行实时监测，及时掌握地区水情，提前预警，避免洪涝灾害发生并减少损失。预报技术是通过对监测数据进行分析，利用气象水文、数学模型等手段，对未来短期和中长期的水文变化进行预报。这两者的有效运用可以使我们在面临洪涝灾害时，有更多的时间和精力来采取措施，以避免灾害的发生或减轻灾害的影响。

6.1.2.2　组织维度

洪涝灾害的防治离不开政府部门的政策保障。灾害应急管理体系可以预防灾害发生，而我国的洪涝灾害应急管理体系与防洪排涝相关制度和标准尚未完善。很多城市的洪涝灾害应急预案仅用来管理流域性洪水或外江洪水，针对性、系统性、可操作性均有待提高。此外，洪涝灾害的监测预警机制较差，监测预警能力不足，存在灾害预警信息审批时间长、发送渠道少、发送速度慢等诸多问题，许多智能化技术也未能及时运用到防洪排涝应急管理中。多数城市也尚未建立专业的洪涝灾害应急救援队伍，应急资源的整合、利用、调配等方面还有所欠缺，储备量较少、布局规划不够合理。当前，我国城市的洪涝灾害日常管理措施存在管理体制落后、机制不健全、管理混乱且权责不分明、部门之间协调水平差等问题，针对日常管理实施的法律法规也较少，难以满足城市发展和应对气候风险的需求。

洪涝灾害的防治离不开政府部门资金的支持。城市受到建设成本的影响，设置的防洪排涝设施的建设标准较低，城市化进程在加快，气候风险不断加剧，但是城市的建设标准没有随之进行调整，难以应对当前城市发展的需求和不确定风险的冲击。2015 年，国家修订了新的《防洪标准（GB 50201—2014）》，划分了城市防洪等级，但是并没有统一规定城市的排涝标准规范。大多数内陆城市出现强降雨的概率较低，所以基础设施的防洪排涝标准偏低，排水管径大多只能应对较低的降水量，有的排涝标准甚至低于 0.5 年一遇。我国大中城市基础设施一般可以应对 2~3 年一遇的雨量，个别城市的建设标准是 5 年一遇，但是由于气候变化，城市的降水量和降雨强度远超从前，当超过预计标准的暴雨来袭时，就形成了大面积的内涝。城市的防洪排涝设置标准太低、配套不足、能力太差、发展滞后是造成洪涝灾害严重后果的重要原因，尤其是在老旧城区，基础设施大多老化破损，故障频发，内涝风险较大；新城区也在追求建设速度，"重地上，轻地下"，忽视了建设防洪排涝设施的重要性，应对洪涝灾害风险的能力也较差。同时，防洪排涝建设还存在投资金额巨大、政府预算不足的矛盾，导致建造的防洪排涝设施质量不达标，更有甚者，部分新建区域并未按照防洪排涝建设标准进行规范。

6.1.2.3　环境维度

洪涝灾害受自然与社会的耦合影响，自然环境主要指洪涝灾害的风险特征，社会环境主要指公众对灾害治理的参与情况。

当前我国城市洪涝灾害呈以下特征：第一，发生频率提升且季节性强，各城市不同程度的洪涝灾害具有发生范围广、内涝持续时间长、后续对城市发展和管理影响严重、生命财产损失巨大等特点。洪涝灾害多发生在季风季节，体现出一定的季节性。第二，灾害损失巨大且影响面广，洪涝灾害不仅会对人类生命造成威胁，还会给国家和城市带来巨大的经济损失。我国每年洪涝灾害的直接与间接损失巨大，严重影响了社会公众的生产和生活，灾区物价更是上涨严重。第三，具有连锁性且易引发次生灾害，灾害的连锁性是指城市系统遭受洪涝灾害冲击受到破坏或损失时，给系统内或系统间带来连锁反应，使灾害的影响范围和灾情的严重情况持续加重的现象。城市各子系统之间相互依存、结成网络，灾害发生后，生命线系统遭到破坏，引发多米诺效应，给其他系统带来不同程度的损伤。此外，洪涝灾害也会带来一种或多种次生灾害，如路面塌陷、地铁雨水倒灌等。

公众对自然灾害应急救助的参与情况影响洪涝灾害的治理结果。让公众力量有效地参与到灾害的防治与应急救援中，可以减少社会经济损失和人员伤亡，同时，公众参与的层次、方式、程序也影响公众参与的最终效果。政府对洪涝灾害应急管理进行日常宣传，扩大教育覆盖面，定期开展应急演练活动，可以加强公众对洪涝灾害风险的认识，提升其在灾害来临时的自我应急救援能力，强化社会共同体意识，形成社会各个群体共同应对灾害的局面。

综上所述，本章基于 TOE 理论，构建了包括技术条件（风险监测能力、风险预警能力）、组织条件（财政资源供给、政策重视程度）、环境条件（洪涝灾害风险、公众参与程度）六个变量的城市洪涝灾害韧性前因组态分析模型，具体如图 6.1 所示，并运用 fsQCA 方法分析了城市洪涝灾害韧性的多重提升路径。

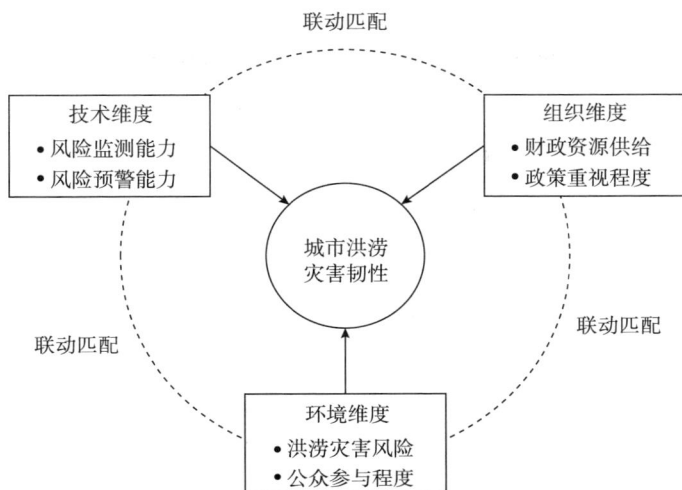

图 6.1　城市洪涝灾害韧性的 TOE 分析模型

资料来源：笔者使用 Visio 软件绘制。

6.2　关键变量的选择

6.2.1　技术维度

城市的洪涝灾害韧性提升离不开相关技术的支持，对洪涝灾害风险进行准确的监测、及时的预警，是防范洪涝灾害风险、降低洪涝灾害对城市系统压力的重要基础，是影响城市洪涝灾害韧性提升的重要因素。

6.2.1.1　风险监测能力

洪涝灾害风险的监测主要包括降水情况、内涝情况和受灾情况：对降水情况的监测主要通过区域内的气象台站实现，掌握区域内的雨量和预计持续时间；对内涝情况的监测主要通过水文、水位站来掌握；受灾情况主要通过对防洪排涝设施及重点区域的巡查获得。多平台、多遥感器的遥感技术可以帮助政府部门掌握洪水的空间动态情况，尤其可以监测出洪涝灾害的受灾范围，掌握受灾区域的土地利用情况及重要工程设施的损坏程度、淹没的时长及水深。目前已有的监测技术主要包括洪灾光学遥感、洪灾雷达、机载雷达等。1998 年，我国利用基于 NOAA/AVHRR 影像的光学遥感技术，监测了吉林省西部地区的洪灾情况，根据农田损毁情况评估了灾情；基于 Landsat TM 影像的遥感技术，具有分辨率高、波段多的优势，可以有效监测洪涝地区的地表水分情况，有助于灾情分析；星载雷达遥感技术有 JERS-1、ERS-1/2 和 Radarsat 等，1998 年，我国利用该技术监测了长江流域的洪涝灾害；机载雷达监测一般用于特大暴雨形成的洪涝灾害应急处置，主要原因在于该技术的使用费用较高，获取的影像也需人工处理，一般不轻易使用。目前，我国尝试建立洪灾遥感综合监测系统，在灾害多发地区进行重点监测，建立模型将遥感信息直接转化为洪涝灾情信息，实现准实时、洪灾过程的动态监测，同时结合地面的内涝积水监测、低洼路段积水监测、隧道积水监测、窨井液位监测等手段，减少洪涝灾害的风险及损失。因此，笔者认为，风险监测能力是影响城市洪涝灾害韧性水平的一个重要因素。

6.2.1.2　风险预警能力

灾害预警信息的发布是开展风险监测预警的最终目的。灾害预警可以及时发现洪涝问题，为民众避灾，并为工作人员防灾准备争取足够时间，可有效降低内涝问题给城市带来的影响，从而提升城市的宜居性，增强城市竞争力。2006 年，国务院办公厅提出要"依托中国气象局业务系统和气象预报信息发布系统，拓宽信息采集、传输渠道，建立相应的业务系统，提高信息化水平"。2014 年，国家气象灾害预警信息系统已投入运行，整合多种信息发布渠道，提高预警信息发布的时效和覆盖面积，并基于云平台重点建设 12379 短信平台、App、微信公众号、微博、网站等发布手段，努力实现预警信息权威、畅通、高效发布，纵向上联中央，下通盟市、旗县，实现预警信息无缝对接。但是目前该系统仍存在一些问题：灾害预警信息发布渠道不够畅通，尤其是针对农村、偏远山区等弱势群体的预警信息传播手段严重不足；预警信息的审批、再处理等中间环节耗时过长，容易导致在重大气象灾害出现的过程中，受灾害影响的人群未能提前接收到预警信息；对灾害风险的前瞻性不足，增加了灾害风险评估管理和操作的难度；预警信号内容过于简化，没有准确描述灾害发生时间、灾害种类和等级、灾害影响范围等。如何充分利用当前的多种信息传播手段，确保气象灾害预警信息发布工作的顺利实施，确保广大群众及时接收到气象预警信息，加强预警信息接收终端建设，进一步提升预警信息在偏远地区的传播能力，是政府部门降低洪涝灾害损失的重要手段。因此，笔者认为，风险预警能力是影响城市洪涝灾害韧性的重要因素，并将移动电话覆盖程度作为考察风险预警能力的重要指标。

6.2.2　组织维度

TOE 理论关注组织与技术之间的相互作用，城市所拥有的技术条件并不具备自我控制能力，受到城市主体（政府、企业、公众等）的影响，主要体现为城市洪涝灾害韧性建设中，组织满足城市洪涝灾害韧性建设所需资源的充分程度，直接决定了城市的灾害韧性水平，相关政策的支持和财政资金的拨付是实现城市洪涝灾害韧性提升的保障。

6.2.2.1　财政资源供给

组织理论认为，松弛的资源是组织倾向于创新的一个关键变量，它可以提高组织对抗不确定性风险的能力，营造创新氛围，推动组织采纳新策略。灾害韧性建设作为城市建设的新战略，它的发展离不开财政资金的支持。灾害韧性建设包括：完善城市灾害风险的常态化和非常态化管理体系，提高城市的风险预防和应急处置能力；给老旧小区加装防洪设施，消除洪涝灾害安全隐患；提升社会公共安全保障体系，提高灾害应对能力；创新节能减排技术、水资源循环利用技术、绿色发展技术，加强对生态环境的保护等。这些方面的韧性建设都需要财政资金的大力支持。当政府财政资源不够充足甚至紧缺时，政府更倾向于将经费投资到维护和完善传统的城市建设上，无力负担韧性城市软硬件设施建设、外包与购买的高昂成本。据此，笔者认为，地方财政资源供给是否充足会影响城市灾害韧性设施的建设。

6.2.2.2　政策重视程度

在我国行政体制改革与经济体制改革的双重背景下，简政放权、权力重心下移给予了地方政府更多的自由裁量权。地方政府作为基础公共服务的承担者、地方公共事务的治理者、区域利益主体的代表者，对于中央政府而言，与群众的距离更近，能够更加贴合群众，了解群众的实际需求。在灾害韧性城市建设过程中，地方政府能够在充分了解本地资源禀赋、经济发展结构的基础上制定出符合当地发展规律的战略、规范与措施，提升自身灾害韧性水平。汤志伟和周维（2020）的研究证实，西部地区地方政府政策的发布数量显著影响了其政务服务办理能力。目前，中央层面高度重视韧性城市的建设与发展，省级政府作为上传下达的中间层，在收到中央政府"大力加强韧性城市建设"的"信号"之后，会对中央政府下达的文件精神进行学习与传达，并结合自身发展现状，制定相关的政策和法律法规。各地方政府的韧性城市建设政策也经历了从"应急管理""抗洪排涝"等具象性的规范性文件向"打造安全韧性城市"等抽象性的顶层设计文件的转变，不再局限于对某一具体事项的应急处置，更加重视完善城市安全常态化管控和应急管理体系，并且辅以一系列配套的政策体系与制度规范。地方政府相关政策的出台在一定程度上反映了其对韧性城市建设的重视程度，一般而言，政府对某一议题的重视程度越高，该议题获得成功的可能性更大。因此，笔者认为，一个地区对洪涝灾害韧性建设议题的政策重视程度会影响地方城市洪涝灾害韧性水平的高低。

6.2.3 环境维度

组织面临的环境影响着城市组织应用洪涝灾害监测预警技术的使用效果，从灾害后果角度出发，城市洪涝灾害风险越大，组织面临的外部环境压力越大，提升洪涝灾害韧性的需求也就更加迫切。同时，公众不仅是灾害风险的直接承担者，更是灾害韧性提升带来的正外部性效应的直接受益者；灾害韧性的建设不仅需要靠政府自上而下的组织，也需要公众自下而上的参与。提升公众的防灾减灾意识、灾害应急处置能力，有助于城市韧性水平的提升。

6.2.3.1 洪涝灾害风险

洪涝灾害风险的大小直接影响城市洪涝灾害韧性建设的效果。我国城市洪涝灾害韧性建设还存在很多不足之处，如部分民众对洪涝的危险性缺乏清醒认识的社会韧性问题、城市排水主干管网建设标准过低的工程韧性问题，以及现有保障体系不够完善的经济韧性问题。城市面临的风险贯穿各个环节当中，灾害韧性城市的建设仍然任重道远。因此，笔者认为，地方政府迫于洪涝灾害风险压力会努力推进洪涝灾害韧性建设。

6.2.3.2　公众参与程度

公众不仅是灾害风险的承担者，更是城市韧性提升的受益者，这使公众参与灾害治理和应急救援具有原始动力。公众是社会的主体，是丰富的人力资源，公众具备防灾减灾能力并能充分发挥应急救援的积极作用，是减少灾害损失的内在保证。公众参与灾害治理可以有效降低政府主体的灾害治理成本，使政府部门的灾害危机应对更加高效。公众响应政府号召，主动配合应急救灾行动，也在一定程度上抑制了灾害的进一步扩散。例如，在汶川地震中，灾区民众积极展开自救和互救行动，有效减缓了灾情的恶化。灾害结束后，公众应树立危机意识，学习减灾防灾知识，增强自身对抗灾害风险的能力。但是，公众参与灾害治理存在一些现实困境：首先，公众的学历水平参差不齐，所处的社会阶层属性不同，其危机意识和自我保护能力也存在差异，有的公众危机意识和自我保护能力较差，一旦灾害发生，其生命财产容易受到侵害；其次，公众参与灾害治理的意愿会影响治理效果，在灾害发生前期，公众可获得的有效信息较少，容易在谣言或舆论的影响下产生焦虑和恐慌，无法预见灾害的发展趋势，就会导致灾情的进一步恶化；最后，公众参与灾害应急管理需要有效的组织，公众无序地参与应急救援只会使局面变得更加混乱。因此，笔者认为，在以人民为中心的执政理念的指导下，公众的危机意识越强，应对自然灾害的能力、参与应急管理的专业性和协调性越高，城市的灾害韧性水平就越高。

6.3　研究方法

6.3.1　定性比较分析方法

20 世纪 80 年代，美国学者 Ragin 基于集合的思想，创造性地提出了定性比较分析方法。该方法最早用于社会学领域，学者主要针对中小样本展开跨案例比较研究，经过不断的发展，这一研究领域被拓宽到管理学科，并被学者运用到大样本案例中，用于分析复杂组态情况。在传统研究方法中，定性分析与定量分析的界限较为明显，但是 QCA 方法可以整合这两种分析方法的优势，进行跨案例比较分析，找出多重影响因素之间复杂的因果关系与协同效应。QCA 方法具有以下特点：

第一，运用组态思想来分析具有复杂关系的多个案例。回归分析法主要关注某个变量对研究结果产生的正面效应或负面效应，但是 QCA 方法基于布尔代数进行定性的比较分析。该方法认为，每个案例都是一系列影响变量的复杂组合，可以借此分析哪些变量是产生研究结果的必要条件或充分条件组合。

第二，要在研究案例与理论基础之间展开深入的对话。在 QCA 方法的使用过程中，研究者要对每个案例进行深入的分析，随时回溯案例，不断完善案例信息及相关数据。同时，研究者也要熟练掌握支撑研究进行的理论框架，如研究者在实证研究过程中所选择的变量（条件或结果），必须可以找到相应的理论或者文献支撑。此外，理论和文献还可以帮助研究者正确解释研究结果中出现的矛盾组态、逻辑余项问题。研究者也要借助相关理论知识，对研究结果的不同解进行解释和整理。

第三，QCA 方法为因果关系的解释打开了新的大门，即考虑多重并发因果关系。这表明：条件变量不能单独对结果变量产生影响，结果变量是由多个条件变量共同作用的产物；实现结果的路径具有多样性和等效性，不存在唯一的最优路径，同一结果可能存在多条实现路径；在不同情景下，当某一种特定结果发生时，某个条件可以存在也可能不存在。

因此，QCA 方法可以在保留每个案例特点的基础上，通过比较找出案例之间的特定因果关系，并总结其规律和特征，而不是像传统的回归分析法一样，通过拟合结果来确定变量之间的因果关系。本章想要探寻多个影响因素共同作用于城市洪涝灾害韧性的复杂逻辑因果，QCA 方法具有很好的适用性。

6.3.2 fsQCA 方法的分析过程

随着 QCA 方法的应用和拓展，学者将其分为三类：第一类是清晰集定性比较分析（csQCA），该方法仅进行二分变量的分析，属于完全的质性研究，条件和结果变量只分为是与否，每个条件变量的赋值为 0 或 1；第二类是多值集定性比较分析（mvQCA），该方法的分类就出现多值情况，条件和结果变量的值更加丰富；第三类是模糊集定性比较分析（fsQCA），该方法能够同时将类别和程度问题纳入考察范围，条件变量的赋值在 0 和 1 之间，集合隶属可以在 0 和 1 之间渐进变化。

本章采用的是 fsQCA 方法，使用 fsQCA3.0 软件进行分析。根据学者的介绍，fsQCA 通常按照以下步骤来进行：选择样本案例和研究变量；对变量数据进行赋值；构建变量的真值表；展开条件组态分析；展开实证结果分析。

（1）选择样本案例和研究变量。首先，收集研究问题所涉及的样本案例，选择具有代表性和解释性的案例作为样本集；其次，对相关领域的文献进行综述分析，归纳出研究问题的结果变量，同时，基于案例情况和理论框架，设定能够阐释结果变量的前因条件变量。

（2）对变量数据进行赋值。展开实证研究之前，要对定性化的变量进行定量化赋值，研究者可以根据样本的具体情况，采用直接赋值法或锚点法，对变量进行 0 和 1 之间的模糊赋值，当研究者采用锚点法时，要根据理论知识和实际情况，选择合适的锚点来转换原始数据。

（3）构建变量的真值表。研究者采用 fsQCA 软件对原始数据进行处理后可以得到变量的真值表。它是一个组态表，研究者可以在后续通过确定条件，对样本案例进行分类，同时给出形成结果的所有组态路径。在软件中设置一致性阈值和案例频数阈值，可以去除未达到阈值标准的要素条件组合。需要注意的是，在设置阈值时，数值要透明且具有合理性。

（4）展开条件组态分析。对得到的真值表展开布尔最小化分析，可以得到三种解的结果：一是复杂解，它是只分析实际观察到的案例而得出的组态，由于没有包括逻辑余项，未经过简化，因此得到的前因组合条件数量最多；二是简约解，它既包括实际观察到的案例所形成的组态，也将逻辑余项纳入其中，所得到的结果可能与事实有一些出入，存在将必要条件简单化的情况；三是中间解，它是在复杂解的基础上，只考虑用逻辑余项来简化结果，对变量之间复杂的因果关系的解释性更好、更有代表性，也是分析条件组合的主要依据。

（5）展开实证结果分析。实证结果分析是 fsQCA 方法最重要的一步，研究者要对软件得出的具体结果展开合理的解释与深入的分析：首先，分析产生结果的所有前因条件组合的一致性和覆盖度，查看这些前因条件组合是否具有充分性；其次，对每条要素条件组合背后的含义进行详细解释，并结合对应的样本案例进行深入分析，探索其路径的理论逻辑与潜在信息。

6.4 变量的测量与校准

6.4.1 结果变量的设置

21 世纪初我国就引进了"韧性城市"的理念，并积极开展了相关的实践探索。在国家层面上，2008 年汶川地震后，我国初步将韧性理念纳入城市建设规划中，2018 年开展了大规模的相关实践，2020 年 6 月在城市体检项目中将"安全韧性"作为核心指标之一。灾害韧性建设是城市安全韧性建设的进一步深化。本章构建了包括压力、状态、响应三个维度，经济、社会、生态、工程四个城市系统，共计 30 个指标的城市洪涝灾害韧性指标体系，以我国 2011~2020 年 284 个地级市为研究对象，采用极差最大化组合赋权优化模型评估洪涝灾害韧性水平。由于城市的韧性建设是一个循序渐进的过程，所以本章选取研究期内的最后一年即 2020 年的城市洪涝灾害韧性（FDRI）评估结果作为结果变量。

6.4.2 条件变量的设置

（1）风险监测能力（RMC）。在风险的监测和识别中，风险监测设施是重要的技术手段，如何提升监测设施的精度，是实现灾害精准预测、降低灾害风险的关键，信息技术的采纳与应用对提升城市灾害治理效能存在深远影响。城市气象监测站是关键的防汛监测手段，城市气象监测站数量可以有效反映城市的风险监测能力，本章中此变量数据来源于中国气象网。

（2）风险预警能力（REWA）。在"数字中国""智慧社会"建设的背景下，数据归集、数据开放、数据共享的重要性日益凸显。灾害风险信息的预警，可以有效地解决信息不对称问题，更好地协调组织的资源和行为，减少灾害带来的损失。移动电话设备和互联网具有即时性、便捷性，为政府部门发布预警信息提供了便利，公众也可随时获得预警信息。因此，本章采用移动电话和互联网宽带的覆盖程度表征风险预警能力，此变量数据来源于《中国城市统计年鉴》。

（3）财政资源供给（FR）。充足的资源是组织倾向自身建设的一个关键变量，它可以提高组织对抗不确定性风险的能力，城市灾害韧性的建设需要财政资源的支持，当财政资源充足时，政府才更有意愿和能力为城市更高层次的建设提供支撑，达到软硬件设施的冗余性和鲁棒性。参照以往研究（闫绪娴等，2022），本章采用公共财政收入占 GDP 的比重表征财政资源供给能力。

（4）政策重视程度（PE）。政策重视程度反映了政府对灾害韧性建设的重视程度，相关政策文件越多，规划越详细，表示重视程度越高，投入的资源和注意力就越多，韧性建设的效率就越高。地方政府发布的韧性战略、气候适应性、"海绵城市"、防洪排涝等相关政策文件的数量可以反映一个城市对洪涝灾害韧性建设的重视程度，本章中此变量数据来源于北大法宝网。

（5）洪涝灾害风险（FDR）。气候变暖导致极端天气频发，城市所面临的洪涝灾害风险加剧，不同城市的承灾体、孕灾环境、致灾因子都不同，发生洪涝灾害的概率和发生洪涝灾害时的风险等级以及洪涝灾害带来的损失千差万别，这些因素都会影响政府对灾害的重视程度和技术需求。一个城市暴雨天数占降雨天数的百分比可以有效反映该城市的洪涝灾害风险，本章中此变量数据来源于《中国城市统计年鉴》。

（6）公众参与程度（PP）。采取多种方式增强公众的防灾减灾意识与应急救援能力，可以提升城市灾害韧性建设的及时性和包容性。应急演练是提升公众灾害应对能力最直接的方式，本章采用政府开展防汛演练的主体参与类别来衡量公众参与程度。当前未开展防汛演练，赋值为 0；开展防汛演练，但只有各职能部门参与，赋值为 0.5；防汛演练邀请群众参与或观摩，赋值为 1。本章中此变量数据来源于政府网站、互联网新闻报道、学者的研究总结等。

6.4.3 变量的测量与校准

6.4.3.1 变量的测量

本章的研究对象是我国 284 个地级市，各个变量的测量和数据来源如表 6.1 所示，所有数据的时间截至 2020 年 12 月。

表 6.1 变量赋值与数据来源

变量名称		变量测量	数据来源
结果变量	城市洪涝灾害韧性（FDRI）	城市洪涝灾害韧性评估结果	
条件变量	风险监测能力（RMC）	城市气象监测站数量	中国气象网
	风险预警能力（REWA）	（年末移动电话用户数+互联网宽带接入用户）/总人口×100%	《中国城市统计年鉴》
	财政资源供给（FR）	公共财政收入占 GDP 比重（%）	《中国城市统计年鉴》
	政策重视程度（PE）	地方政府发布的韧性战略、气候适应性、海绵城市、防洪排涝等相关政策文件的数量	北大法宝数据库
	洪涝灾害风险（FDR）	暴雨天数/降雨天数×100%	《中国城市统计年鉴》
	公众参与程度（PP）	1 年内未开展防汛演练，赋值为 0；开展防汛演练，但只有各职能部门参与，赋值为 0.5；防汛演练邀请群众参与或观摩，赋值为 1	政府网站、互联网新闻报道、笔者研究总结

资料来源：笔者通过相关文献整理获得。

6.4.3.2 变量的校准

本章使用 fsQCA 方法进行分析，在使用过程中需要对变量进行校准，为每个变量设置完全隶属、交叉点和完全不隶属 3 个阈值，校准后的变量值介于 0 和 1 之间，交叉点是完全隶属与完全不隶属的中间值，用来衡量某一案例属于哪个集合的最大界限点。部分学者将李克特量表中的 1、4、7 与上述 3 个阈值进行对应（徐广平等，2020），但容易出现样本均值偏离交叉点的情况，影响结果的准确性。因此，本章基于所选变量的具体情况，参考部分学者的研究，将最大值、均值、最小值分别与完全隶属、交叉点和完全不隶属 3 个阈值进行对应，具体的描述性统计结果如表 6.2 所示，具体的校准锚点如表 6.3 所示。

表 6.2　描述性统计

变量	均值	标准差	最小值	最大值	样本量
FDIR	0.309	0.049	0.230	0.537	284
RMC	4.648	2.347	1.000	17.000	284
REWA	30.919	17.664	0.350	111.210	284
FR	0.199	0.145	0.043	1.705	284
PE	0.641	0.768	0.000	4.000	284
FDR	3.910	2.132	0.220	8.990	284
PP	0.516	0.401	0.000	1.000	284

资料来源：笔者整理获得。

表 6.3　条件与结果的校准

变量类别	变量和结果	校准		
		完全隶属	交叉点	完全不隶属
结果变量	FDIR	0.326	0.301	0.277
技术条件	RMC	5.000	4.000	3.000
	REWA	34.975	27.113	19.250
组织条件	FR	0.236	0.177	0.117
	PE	1.000	0.500	0.000
环境条件	FDR	5.705	3.923	2.140
	PP	1.000	0.500	0.000

资料来源：笔者整理获得。

6.5　实证结果

6.5.1　单变量必要性分析

必要条件是导致结果变量产生的必然条件，当必要条件不发生时，结果也一定不会发生。必要条件分析可应用于探索是否存在某前因条件单独影响城市洪涝灾害韧性水平的情况。因此，在进行组态分析之前，必须进行单个条件的必要性分析。本章对城市洪涝灾害高韧性的单个条件进行了必要性检验，结果如表 6.4 所示。

表 6.4　城市洪涝灾害高韧性的单个条件的必要性检验结果

前因条件	高韧性		非高韧性	
	一致性	覆盖度	一致性	覆盖度
RMC	0.697	0.615	0.488	0.486
~RMC	0.417	0.420	0.613	0.695
REWA	0.685	0.691	0.360	0.409
~REWA	0.414	0.365	0.728	0.723
FR	0.475	0.477	0.551	0.623
~FR	0.625	0.552	0.538	0.536
PE	0.616	0.583	0.446	0.475
~PE	0.446	0.417	0.609	0.641
FDR	0.627	0.669	0.357	0.429
~FDR	0.465	0.391	0.725	0.686
PP	0.596	0.545	0.554	0.571
~PP	0.531	0.514	0.559	0.609

资料来源：笔者使用 fsQCA 软件整理获得。

表 6.4 展示了 6 个前因条件对高城市洪涝灾害韧性与低城市洪涝灾害韧性的必要性检验结果。从表 6.4 中可以看出，所有条件无论是对高韧性城市，还是对低韧性城市，其一致性均未超过 0.9 的标准，这说明 6 个前因条件均不能独立构成高城市洪涝灾害韧性或低城市洪涝灾害韧性的必要条件，表明城市洪涝灾害韧性差异是多变量的复合结果，本章需要借助组态分析方法来综合分析各条件变量对灾害韧性的联动影响。

6.5.2　充分条件组合分析

6.5.2.1　高城市洪涝灾害韧性的组态路径
本章对城市洪涝灾害高韧性进行了组态分析，结果如表 6.5 所示。

表 6.5 城市洪涝灾害高韧性组态分析

分组路径	技术驱动政策支持型	低风险技术驱动型	政策支持公众参与型
条件组态	组态 1	组态 2	组态 3
风险监测能力（RMC）	●	●	
风险预警能力（REWA）	●	●	•
财政资源供给（FR）		⊗	⊗
政策重视程度（PE）	●	•	●
洪涝灾害风险（FDR）	⊗	●	⊗
公众参与程度（PP）			●
一致性	0.904	0.892	0.930
原始覆盖度	0.227	0.277	0.178
唯一覆盖度	0.060	0.110	0.033
解的一致性		0.880	
解的覆盖度		0.370	

注：●表示该条件出现，⊗表示该条件不出现，空白表示该条件可有可无，大●表示核心存在条件，小•表示辅助条件，同时出现在简单解与中间解的条件变量为核心存在条件，而仅出现在中间解的变量为辅助条件。

资料来源：笔者使用 fsQCA 软件整理获得。

本章对真值表进行了分析，设置一致性阈值为 0.8，高于 0.8 的条件组合视为结果的模糊子集并编码为［1］，低于 0.8 的条件组合不构成结果的模糊子集并编码为［0］，同时对其进行标准分析，得到了城市洪涝灾害高韧性的 3 种组态结果，具体如表 6.5 所示。

从表 6.5 可以看出，高城市洪涝灾害韧性的三条组态路径的一致性分别为 0.904、0.892、0.930，均高于设置的一致性阈值 0.8，总体一致性为 0.880，覆盖率为 0.370，表明 3 种组态对实现高城市洪涝灾害韧性的解释度为 88.8%，3 种组态可以解释 37.0% 的高韧性城市案例。本章对高韧性组态路径代表城市进行了统计，具体如表 6.6 所示。

表 6.6　高韧性组态路径代表城市

路径	代表城市
技术驱动政策支持	宁波市、福州市、南昌市、广州市、深圳市、佛山市、南宁市、柳州市、上海市、苏州市、株洲市、无锡市、常州市、成都市
低风险技术驱动型	太原市、呼和浩特市、济南市、武汉市、海口市、西安市、天津市、长沙市、石家庄市、合肥市、青岛市、沈阳市、贵阳市、昆明市、福州市
政策支持公众参与型	珠海市、东莞市、北海市、舟山市、绍兴市、厦门市、德阳市

资料来源：笔者整理获得。

（1）组态 1（技术驱动政策支持型）：风险监测能力、风险预警能力、政策重视程度为核心存在条件，洪涝灾害风险为核心缺乏条件。该路径说明如果一个城市的风险监测能力较好，灾害的预警信息发布及时，地方政府出台的相关政策较为完善，就能降低甚至消除洪涝灾害带来的负面影响，提升城市的灾害韧性。从表 6.6 中的代表城市可以看出，这些城市多为南方沿海城市，相比内陆城市它们所面临的洪涝灾害风险较大，但是这些城市及时参与了国家推行的"海绵城市"、气候适应性城市试点计划，提前布局以提升城市的灾害韧性，为防范极端气候风险做好了充分的准备。该路径的典型案例是上海市和广州市。

从技术维度来看，上海市地处东部沿海区域，暴雨频发，对气象灾害监测预警技术的需求更高。上海市构建了气象专业技术服务平台，开发了遥感产品，结合地面观测和卫星云图，实时掌握了本地区的气象数据，拥有多项专利技术并对其进行了成果转化。例如，基于致灾过程的暴雨洪涝灾害风险评估与区划技术，该成果在融合多源数据的基础上，根据致灾临界阈值及强降水预报，利用洪水淹没模型进行实时灾害演变模拟，并结合承灾体信息开展暴雨洪涝灾害风险评估技术研究，开发了人机交互系统并生成服务产品以及精细化的风险区划图集。该成果已被应用于中小河流洪水和山洪地质灾害风险预警服务，可以实现防灾减灾的关口前移，将减轻灾害损失转变为减小灾害风险；该成果也可应用于各级气象灾害防御规划，大型工程气候可行性论证，以及农业、交通、电力、旅游等领域的气象服务。从组织维度来看，上海的"韧性城市"规划，重点关注城市的多功能性以及城市功能的冗余性和鲁棒性。在应对洪涝灾害方面，上海市在长三角一体化新发展格局下，依托流域综合治理格局，统筹流域泄洪和本地区防洪，洪涝分治，维持 14 个水利分片本地区治理格局，"蓝、绿、灰、管"多措并举，守牢上海市的城市防汛安全底线。其中，"蓝"是指充分发挥河网水系的蓄排作用，增加河湖水系面积，打通断头浜、底泥疏浚等环节，控制河道水位；"绿"是指海绵城市等雨洪蓄滞削峰设施；"灰"是指防汛基础设施，包括水闸、泵站、堤防设施及城镇排水系统等；"管"是指确保各类水利基础设施有序建设和高效运行的精细化、智慧化管理措施。

同样，广州市也建立了"城市体检观察员"制度，发布了《广州市2021 年城市体检工作方案》，开展了城市体检，构建了具有广州特色的"8+65+N"城市体检指标体系，以不断提升城市灾害韧性。广州在全国首创"广州城市体检观察员"制度，公开招募了 620 名"城市体检观察员"，市、区两级社会满意度调查回收问卷超过 21 万份。广州市积极采取各种措施，努力提升城市灾害韧性：安装内涝积水监测点 425 个、窨井水位监测点 1507 个，抽查 124 座桥梁安全状况；加强管线保护，切实保障城市生命线畅通；针对施工过程中破坏既有管线的情况，制定了加强施工过程中对既有管线保护的意见，推进管线信息化管理，加强现场督导检查；各行业主管部门累计巡查排水管网约 20 万千米，累计清疏排水管网约 1.8 万千米、排水井约 15 万个；同时，依托信息技术提升城市管理智能化水平，建成全国首个城市信息模型（CIM）基础平台，开发智慧工地、城市更新、智慧园区、智慧社区、智慧水务等应用场景；打造智能化城市安全管理平台，加强城市安全智能化管理，打造燃气安全运行监测预警、综合管廊安全运行、桥梁安全健康监测、地面塌陷综合治理、供电设施安全运行、城市消防安全和路灯安全等典型城市安全专题应用场景，以"一张图"形式呈现城市整体安全运行态势。

（2）组态 2（低风险技术驱动型）：风险监测能力和风险预警能力为洪涝灾害风险核心存在条件，政策重视程度为边缘条件，财政资源供给为核心缺乏条件。这说明一个城市即使缺乏财政资源供给，但是由于洪涝灾害风险较低，且灾害的技术监测和风险预警机制较为完善，城市的灾害韧性依然可以保持较高的水平。从表 6.6 中的代表城市可以看出，这些城市多为内陆省会城市，相比沿海城市，这些城市的洪涝灾害风险较低，所以灾害损失较小，根据有限理性决策理论，决策者的财政资源在洪涝灾害方面付出较少；同时，由于这些城市多为省会城市，基础设施较为丰富和完善，监测和预警设施较为充足。该路径的典型案例是西安市。

西安市虽地处内陆，却暴雨内涝频发。近年来，西安市积极提升洪涝灾害韧性建设，陕西省共有95个区县、1605个监测站，相比2011年的1321个监测站，提升了21.5%。技术维度上，西安不断提升水灾害监测预警能力，具体措施包括：加强水灾害监测前端智能感知体系，改善水灾害监测预警平台基础支撑环境（信息化基础设施），搭建水灾害监测预警数字孪生平台，建设水灾害防御智能化应用，完善配套保障体系等建设内容。此外，西安市各区（县）各部门开展联动，如西安市周至县生态环境局联合周至县气象局签订了《共同推进大气污染防治合作协议》。该协议确定了建立大气环境监测和信息共享机制、建立大气环境污染预报预警联合会商和发布机制、开展突发重大环境污染事件和重污染应急服务、严格把关大气环境影响评估、建立科研合作开发机制、共同推进大气污染防治高质量项目建设六项合作内容，明确了双方职责和具体保障措施。

此外，西安市还非常重视灾害过程中的公众参与情况。西安市各区域的气象局多次携手社区举办"防灾减灾日"气象科普宣传进社区活动，工作人员通过发放气象知识宣传册、扫码关注微信公众号、现场答疑解惑等形式，向社区居民宣传普及气象灾害防御等知识，发放宣传资料及纪念品。气象与居民日常生活息息相关，社区作为防灾减灾前沿阵地，需全方位增强居民气象防灾减灾意识，宣传活动可以让居民学到很多气象知识，为居民掌握气象防灾减灾技能，切实减轻灾害风险提供了帮助。同时，西安市也非常注重青少年的防灾减灾培育，气象灾害的工作人员会组织带领中小学生参观气象地面观测场，他们会详细讲解气象仪器的功能及用途，以及如何开展人工增雨作业、过去老旧气象仪器如何满足气象观测的需要等情况，并通过丰富多彩的图片示例和生动有趣的动画演示为学生进行气象科普讲座。

（3）组态3（政策支持公众参与型）：政策重视程度、公众参与程度为核心存在条件，风险预警能力、政策清晰度为边缘条件，财政资源供给、洪涝灾害风险为核心缺乏条件。这说明一个城市即使缺乏财政资源供给、洪涝灾害风险较高，也可以通过科普、培训、演练等方式来提升公众的防灾减灾意识和应急处置能力，以提升城市的灾害韧性水平。从表 6.6 中的代表城市可以看出，这些城市多为南方沿海城市，洪涝灾害风险较大，但是这些城市及时参与了国家推行的"海绵城市"、气候适应性城市试点计划，提前布局规划以提升城市的灾害韧性，为面对极端气候风险做好了充分的准备，同时这些城市也意识到公众在救灾抢险过程中的重要性，每年都会举行防汛演练并邀请公众参与或观摩。该路径的典型案例是德阳市。

德阳市内共有 36 个内涝中心片区，流经德阳市内的绵远河是沱江干流，因河道各段比降率差距明显，导致汛期城市上游洪水峰高量大，城区防洪排涝压力巨大，下游广汉市、金堂县等城市受到波及，洪灾频发，但是德阳市又是全国严重缺水的城市之一，每年要花大量资金对外购置城市饮用水。德阳市之所以会出现既洪涝频发又严重缺水这种矛盾，是因为城市生态基础设施薄弱，雨水收集、调蓄、利用、排放功能不足。面对提升水源涵养能力、缓解雨洪内涝压力和城市绿色转型发展的多重需要，德阳市积极展开了"水治理"行动。德阳市入选"海绵城市"建设试点后，将建设"海绵城市"的改革举措和实践探索纳入地方立法体系。2020 年，德阳市政府投入 900 余万元，以"海绵城市"建设的标准改造修建泄洪渠，形成了有效的水循环系统，妥善解决了城市内涝、水源污染等问题，2022 年，德阳成功入选首批省级海绵城市建设示范市，当年度四川全省绩效评价排名第一。德阳市系统式引领"海绵城市"建设，明确了职责分工与协作、规划引领与衔接、政府示范与保障等方面的制度，着力构建协力推进"海绵城市"建设管理的长效机制，将"海绵城市"建设专项规划与国土空间详细规划、相关专项规划协调衔接起来，注重以科学的规划引领"海绵城市"建设，以确保整体效果。德阳市链条式管控海绵城市建设，从项目的规划、立项、审批、设计、建设管理，到竣工验收、运营维护、宣传培训，进行全链条式考察，力争以"海绵城市"建设理念贯通各环节，以源头的利用、预防来取代事后的排洪、治理，形成可自动调节的一体化城市水循环系统，同时尽可能避免出现"建管脱节"和"重建设、轻管理"的问题。在针对性施策方面，德阳市立足厂城一体的现状，遵循"全域谋划、分类施策、突出重点、滚动推进"的原则，规定政策只适用于市和区（市、县）城市规划区，农村地区未被纳入适用范围。同时，德阳市坚持问题导向，对城市新建区域和已建区域进行了区分规定，防止"一刀切"。

6.5.2.2 低城市洪涝灾害韧性组态路径

本章对城市洪涝灾害低韧性组态进行了分析，具体结果如表 6.7 所示。从表 6.7 中可以看出，低城市洪涝灾害韧性的 5 条组态路径的一致性分别为 0.932、0.937、0.917、0.864、0.967，均高于 0.8 的一致性临界值，总体一致性为 0.893，覆盖率为 0.324，表明 5 种组态制约城市洪涝灾害韧性发展的解释度为 89.3%，5 种组态可以解释 32.4% 的低韧性城市案例。其中，"洪涝灾害风险"在所有路径中均会出现，表明洪涝灾害风险的大小在影响城市洪涝灾害低韧性的形成过程中发挥着重要作用，其构成了结果变量的核心条件。

表 6.7 城市洪涝灾害低韧性组态分析

分组路径	技术+环境主导				组织+环境主导
条件组态	组态 1	组态 2	组态 3	组态 4	组态 5
风险监测能力（RMC）	●	●	●	●	⊗
风险预警能力（REWA）	⊗	⊗	⊗		⊗
财政资源供给（FR）	⊗	•	⊗	⊗	⊗
政策重视程度（PE）		•		⊗	●
洪涝灾害风险（FDR）	●	●	●	●	●
公众参与程度（PP）	⊗	⊗	●	●	
一致性	0.932	0.937	0.917	0.864	0.967
原始覆盖度	0.020	0.085	0.141	0.133	0.095
唯一覆盖度	0.060	0.026	0.034	0.036	0.051
解的一致性			0.893		
解的覆盖度			0.324		

资料来源：笔者使用 fsQCA 软件整理获得。

（1）路径 1（技术+环境主导型）：共包含 4 组组态，分别是组态 1、组态 2、组态 3、组态 4。在组态 1 中，风险预警能力和公众参与的缺乏对低洪涝灾害韧性发挥了核心作用，风险监测能力和洪涝灾害风险为核心存在条件，财政资源供给为边缘缺乏条件，政策重视程度不确定。在组态2中，风险预警能力和公众参与程度的缺失对低洪涝灾害韧性发挥了核心作用，风险监测能力和洪涝灾害风险为核心存在条件，财政资源供给和政策重视程度为边缘存在条件。在组态3中，财政资源供给对低洪涝灾害韧性发挥了核心作用，风险监测能力、洪涝灾害风险和公众参与程度为核心存在条件，风险预警能力为边缘缺乏条件，政策重视程度不确定。在组态4中，政策重视程度对低洪涝灾害韧性发挥了核心作用，风险监测能力、洪涝灾害风险和公众参与程度为核心存在条件，财政资源供给为边缘缺乏条件，风险预警能力不确定。这说明即使城市的风险监测能力较强，但是如果在风险预警能力较差的同时不重视公众参与在灾害应急救援中的重要性，当洪涝灾害来临时，城市面临的压力和风险依然是巨大的，且恢复能力较差。此种类型的代表城市有淮南市、蚌埠市、安阳市等。

（2）路径2（组织+环境主导型）：在组态5中，风险监测能力、风险预警能力和财政资源供给对低洪涝灾害韧性发挥了核心作用，政策重视程度和洪涝灾害风险是核心存在条件，公众参与程度不确定。这说明如果城市缺乏灾害监测和预警技术的支持，即使发布的应对政策再多，目标再清晰明朗，在面临洪涝灾害风险时，也依旧处于弱势地位，无法做出有效应对，处于低韧性的状态。此种类型的代表城市有商洛市、固原市、武威市等。

6.5.3　稳健性检验

QCA方法在实证过程中需要依靠研究者的文献积累和逻辑判断，学者普遍认为其得到的研究结果可能存在随机性和敏感性，容易出现参数设定威胁和模型设定威胁，因此，需要对实证结果展开稳健性检验。QCA方法是一种集合论方法，本部分借鉴前人的经验，采用调整的集合论方法来对研究结果展开稳健性检验。

本部分提高了一致性门槛，将阈值由原来的0.8调高为0.85，案例频数阈值保持不变，并对案例进行了敏感性检验，结果如表6.8所示。从表6.8中可以看出，阈值提高后，总体解的一致性提高至0.886，覆盖率提升至0.373，与原结果之间的差距较小，且产生的组态路径变化也较小，只有少量案例的归属出现了变动，整体结果基本保持一致，所以本章的研究结果较为稳健。

表 6.8 实现高韧性组态路径的稳健性检验结果

分组路径	技术驱动 政策支持型	低风险 技术驱动型	政策支持 公众参与型
条件组态	组态 1	组态 2	组态 3
风险监测能力（RMC）	●	●	
风险预警能力（REWA）	●	●	●
财政资源供给（FR）		⊗	⊗
政策重视程度（PE）	●	●	●
洪涝灾害风险（FDR）	⊗	●	⊗
公众参与程度（PP）			●
一致性	0.913	0.905	0.946
原始覆盖度	0.227	0.192	0.189
唯一覆盖度	0.064	0.112	0.033
解的一致性		0.886	
解的覆盖度		0.373	

资料来源：笔者使用 fsQCA 软件整理获得。

6.6　本章小结

城市洪涝灾害韧性是技术、组织、环境条件共同作用的结果。本章基于 TOE 理论构建了城市洪涝灾害韧性前因组态分析模型，并运用 fsQCA 方法讨论了风险监测能力、风险预警能力、财政资源供给、政策重视程度、洪涝灾害风险、公众参与程度六个条件对城市洪涝灾害韧性的组态效应。

（1）高城市洪涝灾害韧性的实现不存在单一必要条件，说明其背后具有复杂的因果关系，没有一个单一条件能起到决定性效果，但洪涝灾害风险是导致低韧性的"瓶颈"条件。

（2）高城市洪涝灾害韧性的形成有三条动态组合路径，其中，在"技术驱动政策支持型"主导下，风险监测能力、风险预警能力、政策重视程度为核心存在条件，洪涝灾害风险为核心缺乏条件；在"低风险技术驱动型"主导下，风险监测能力、风险预警能力、洪涝灾害风险为核心存在条件，政策重视程度为边缘条件，财政资源供给为核心缺乏条件；在"政策支持公众参与型"主导下，政策重视程度、公众参与程度为核心存在条件，风险预警能力、政策清晰度为边缘条件，财政资源供给、洪涝灾害风险为核心缺乏条件。

（3）低城市洪涝灾害韧性的形成可归纳为"技术+环境"主导下的低城市洪涝灾害韧性模式和"组织+环境"主导下的低城市洪涝灾害韧性模式。"技术+环境"主导型表明即使城市的风险监测能力较强，但是如果风险预警水平较低且不重视公众参与在灾害应急救援中的重要性，那么当洪涝灾害来临时，城市面临的压力和风险依然是巨大的，且恢复能力较差。"组织+环境"主导型表明，如果城市缺乏灾害监测和预警技术的支持，即使应对政策再多，目标再清晰，那么当面临洪涝灾害风险时，城市也依旧处于一种弱势地位，无法做出有效应对，处于低韧性的状态。

第7章 城市洪涝灾害韧性的优化 策略与保障机制

7.1 灾害韧性建设的国际经验与国内困境

7.1.1 灾害韧性建设的国际经验

2013年，洛克菲勒基金会启动了"全球100韧性城市项目"，与世界多个城市合作，以设立首席韧性指挥官的方式，协助政府发展韧性战略，已发起多次抗灾战略及行动计划，这些城市陆续进入了韧性城市战略的实施阶段。本章参考一些学者的研究成果，挑选了15个韧性建设经验丰富、实践多元的国际都市，收集整理了相关文献资料，从技术运用、政策战略、基础设施、公众参与四个维度进行了横向比较，总结了灾害韧性城市的建设经验，具体如表7.1所示。

表7.1 国外灾害韧性城市建设典型案例

城市	技术运用	政策战略	基础设施	公众参与
纽约（美国）	构建一站式集成资料平台，与软件公司合作，将智能技术用于雨洪管理	《气候防护计划》《气候风险信息》《韧性邻里倡议》《社区应急规划》《韧性评估指南》	保障水供应安全，建设屋顶绿化、生态沟渠和智能雨洪基础设施，控制热岛效应	建设社区应急管理网络，将居民纳入社区规划试点计划，保护零售和商业业务

续表

城市	技术运用	政策战略	基础设施	公众参与
芝加哥（美国）	研发计划目标醒目系统（Smart911），构建城市体征监测大数据平台，提供数据对外开放接口	《芝加哥气候行动计划》《迈向 2040 综合区域规划》	修建绿色建筑、绿色屋顶，加强洪水防控管理	发展早期儿童教育机构，增强社区投资，提供就业机会
洛杉矶（美国）	开发地图和评估规划工具，使用水循环技术，改进协调进入系统（CES），发展网络实验室	《韧性洛杉矶》；维护气候适应力原则，开发启动邻里改造试点项目	开放空间、公园和娱乐，考虑空间兼容性和多用途，重建现代化基础设施	开发教育计划，提升青年韧性建设能力，开展社区应急响应小组培训，提供就业机会
旧金山（美国）	创新抗震技术，多联式交通系统	《海平面上升行动计划》	打造综合交通枢纽，开发以公共交通为导向的（TOD）模式大型项目，增强基础设施抗震能力，规划城市公共艺术	为社群植入多元功能，增强居民防灾意识
伦敦（英国）	与摩托罗拉等公司合作，广泛使用创新能源技术，开发先进救灾技术	《伦敦韧性战略》；"国家空间规划系统"框架；《智慧伦敦规划》；《大伦敦空间发展战略》	发展分散式能源系统，管理洪水风险，加强城市绿化、屋顶绿化、绿墙建设；回收利用和减少废物填埋场	建立防灾教育体系；利用剧场进行情景规划，振兴弱势群体社区；家庭中安装火灾报警系统
东京（日本）	增强建筑物的不燃率，提高灾后通信机能，活用尖端技术，打造信息城市空间	《国土强韧化基本计划》；"东京防灾城市建设规划"；《东京零排放战略》	划定火灾延烧遮断带，设置都市整备空间，完善道路设施	建设福祉型避难场所，开发社区新的运营方式，建设友好型社区网络
墨尔本（澳大利亚）	年轻人的韧性生活实验室，建立学生职业指导平台，水资源敏感的城市设计	制定全面的城市林业战略；《墨尔本初步韧性评估》《韧性墨尔本计划》	建设地铁，解决通勤问题，发展邻里项目，整合水资源管理框架、都市循环网络	新公寓试验，创新保险方案，提供语言和技能的学习机会
悉尼（澳大利亚）	启动应急响应（Get Prepared）程序，创新管理措施，提高对水、能源和废弃物的利用效率	实施灾难准备计划，《大悉尼区域规划》	发展弹性建筑，扩展绿色网络，保护、恢复和增强水系、海岸线、树冠等，修复改造环境遗产	创造更多的宜居社区，降低社区的脆弱性

续表

城市	技术运用	政策战略	基础设施	公众参与
首尔（韩国）	完善室内空气质量管理系统	《气候危机应对法》；"减少核电，采用新能源"政策	维护和振兴小规模破旧城区，开展汉江、清溪川、兰芝岛等复兴计划，"回收利用站"工程	增加生物多样性，开设体验式环境教育课程
巴塞罗那（西班牙）	"家庭光纤"试点项目，集约化信息应用技术，城市智能服务平台	绿色城市运行计划	发展可再生能源项目，城区扩充，老城区复兴，打造高效的交通网络，保护老建筑	改造工业码头为散步道，提升居民幸福感
米兰（意大利）	建立文化遗产数字平台，如欧洲信息和文化图书馆，加强和优化邻近服务网络	《国家复苏和韧性计划》，制定城市森林策略	修复老旧建筑，提高能源效率，减轻洪水风险，开展地震安全项目，垂直整合，打造人车分离的核心广场	提升社会管理和居住服务，确保居民获得公共服务，保护和改善历史建筑和景观
罗马（意大利）	可再生能源发电技术，评估再生的复原力潜力	"从城市到乡村"项目，建立防灾办公室	通过一体化设施集中提供能源，建设绿色项目，优化废物收集，保留历史建筑特色	发展旅游业，实施新的社会融合方案
多伦多（加拿大）	高温警报系统，气候变化适应的工具包	《从影响到适应：气候变化中的加拿大》《暴雨之前行动——多伦多气候变化适应战略》	升级基础设施、应急发电机，提高电力供应弹性，建立清凉中心	开发更新社区，增强社区活力，强调包容性，提供多样化的住房选择，增加就业机会
新加坡	运用生物微群落下渗系统，构建城市气候地图，利用水体调节气候	《新加坡第二次国家气候变化研究》，将建设韧性城市作为城市发展指向之一	增强土地防洪储备，充分循环利用水资源，开启软质工程和硬质工程共同保护海岸线	建立社区弹性，发布面向公众的气候变化科普手册，鼓励居民参与
鹿特丹（荷兰）	与微软合作，进一步开发网络韧性构建模块，发布环境管理法范例方案软件	《鹿特丹气候变化适应策略2013》《鹿特丹水规划2035》《韧性鹿特丹2030愿景》	建设多功能城市水广场，开发大型太阳能园区；创新设计漂浮房屋、水上码头、海上漂浮农村和水处理系统	为年轻人制定关于（数字）技能和个人领导力的教育计划，鼓励市民参与城市建设

资料来源：笔者整理获得。

7.1.1.1　技术运用

在技术运用方面，国外城市灾害韧性建设的模式可分为技术创新型、寻求合作型。部分城市致力于建设大数据支撑的智慧化韧性城市，如纽约、芝加哥、新加坡、东京、悉尼等，积极创新管理措施，运用尖端技术打造信息城市空间，构建一站式集成资料的城市智能服务平台和城市气候地图，通过水体调节气候提升城市灾害韧性。部分城市积极寻求与非政府组织及企业合作，如纽约与多家软件公司合作进行雨洪管理，伦敦与摩托罗拉公司合作创新能源技术，鹿特丹与微软合作开发网络韧性构建模块，墨尔本打造年轻人的韧性生活实验室。部分城市不断进行技术创新，如旧金山的新型抗震技术、首尔的室内空气质量管理系统、罗马的可再生能源发电技术。还有一些城市处于提升城市灾害韧性的技术探索阶段。

7.1.1.2　政策战略

当前，韧性理念已深入国际城市的建设战略，传统规划设计缺乏弹性和可持续性，各国都在实施更加系统高效的战略，缓解面临的冲击、压力及风险，改变应对复合型灾害风险的范式。部分城市从气候战略着手应对极端天气，如纽约的《气候防护计划》、芝加哥的《气候行动计划》、首尔的《气候危机应对法》、多伦多的《暴雨之前的行动——多伦多气候变化适应战略》、鹿特丹的《气候变化适应策略 2013》等；部分城市采取韧性战略以提升自身应对突发状况的能力，如洛杉矶的《韧性洛杉矶》，伦敦的《伦敦韧性战略》《智慧伦敦规划》，东京的《国土强韧化基本计划》，墨尔本的《韧性墨尔本计划》等；还有一些城市以绿色为主题开展韧性规划，如米兰制定了城市森林策略，巴塞罗那开展了绿色城市运行计划等。

7.1.1.3　基础设施

国际都市均在不断完善基础设施，改善人居环境，根据自身发展目标及所处的特殊环境，各有侧重地建设更具包容性的城市。部分城市偏向生活设施的韧性建设：绿色建筑方面主要体现为开展屋顶绿化，绿墙（纽约、芝加哥、伦敦），扩展绿色网络（悉尼）；能源利用方面主要体现为发展分散式能源系统（伦敦），整合水资源管理框架（墨尔本），发展可再生能源项目（巴塞罗那），提高能源利用效率和优化废物收集（米兰、罗马）；扩展城市空间方面主要体现为考虑空间兼容性和多用途（洛杉矶）、设置都市整备空间（东京）、扩充新城区复兴老城区（巴塞罗那）、建设多功能城市水广场（鹿特丹）；基础设施建设方面主要体现为完善道路设施可达性（东京、墨尔本），升级改造基础设施（多伦多），开启软质工程和硬质工程共同保护海岸线（新加坡），增强城市的防灾减灾能力（旧金山）等。部分城市偏向文化遗产的保护，如修复改造环境遗产（悉尼），复兴汉江、清溪川、兰芝岛等垃圾填埋处（首尔），保留历史建筑特色（罗马、巴塞罗那）等。

7.1.1.4　公众参与

灾害韧性城市的建设离不开公众的参与，国外城市非常注重社区韧性的建设，在住房、就业、灾害、教育与医疗等方面，以共享问题为切入点，保障并扩大社区相关权利，关注弱势群体，增加居民的资源与机会，帮助居民应对日常压力，提升其灾害应对能力：住房方面主要体现为开展邻里项目，创造更多的宜居社区（悉尼），为社区植入多元功能（旧金山），开发社区新的运营方式（东京）等；就业方面主要体现为发展旅游业（罗马），为弱势群体增加就业机会（多伦多、伦敦）等；灾害方面主要体现为完善社区应急管理网络（纽约），增强居民防灾意识（旧金山），利用剧场进行应急情景规划（伦敦），建设福祉型避难场所（东京）等；教育方面主要体现为提供语言和技能学习机会（墨尔本、鹿特丹），培训居民应对突发灾害的技能（芝加哥、洛杉矶）等。

7.1.2　灾害韧性建设的国内特点与短板

7.1.2.1　我国灾害韧性城市建设的特点

我国各城市的韧性规划以问题导向为主，根据各城市所面临的灾害风险及治理难题实施相应举措：在技术运用方面，我国以与企业合作为主，以引进技术和设备为辅，实现监测预警、节能减排、智慧化平台等功能；在政策战略方面，各城市初步开展5~10年的中短期韧性规划，以国土空间规划为主，以极端气候规划为辅；在基础设施建设方面，老旧城区改造及新建城区的宜居建设同步进行，实施污水治理、道路规划、增设及完善公共设施、提升城市服务等各项惠民措施；在公民参与方面，以政府引导为主、以居民参与为辅，自上而下开展社区韧性建设。

7.1.2.2 我国城市灾害韧性建设的短板

第一，在规划主体方面，国外强调多元参与，国内强调由政府主导。建设灾害韧性城市需要公众参与和多利益主体的合作，国外城市的公共部门、私人部门及非营利组织等有关方已建立起良好的合作伙伴关系，对提升社区层面的韧性已有丰富的理论基础和实践经验。国内对韧性理念的认识尚未达到全面系统的水平，缺乏公众的广泛参与，公众对韧性理念的认识仅限于防灾减灾层面，尚未形成相关的公共政策，同时，社区职能不够多元化，其权利得不到保障，因此，我国要重视市场、社会组织和人民群众的参与。

第二，在框架结构方面，国外是多中心综合治理，国内是单一标准化模板。灾害韧性城市的规划要基于完整的、系统的框架结构。国内部分城市灾害韧性建设的单一性主要体现为两点：一是直接套用可持续发展的实践模板，成为防灾减灾、国土空间、基础设施等专项规划；相比之下，国外的韧性规划已转变为追求城市的经济、社会、生态、组织等层面韧性的综合发展。二是生搬硬套先锋城市的规划框架，行动计划趋于标准化，没有因时因地进行适应性调整；相比之下，国外的城市规划多为阶段性的长期规划，以社区为单位开展行动计划，富有针对性。因此，我国在推广实践韧性理念时，需结合地方特色进行框架结构的转变。

第三，在行动落实方面，国外是弹性适应，国内是刚性应对。灾害韧性城市的构建要经历理念认知、达成共识到协同共建的过程，应当逐层递进应对城市的慢性压力及风险冲击，这种适应称为弹性适应。我国城市灾害韧性建设追求立竿见影的效果，实行短周期、标准化考核机制，表现为一种刚性任务；同时，工程韧性层面的评估指标较为细致，但经济和社会层面的韧性评估指标却以定性为主，这种刚性应对不利于城市环境和资源问题的解决。

7.1.3 灾害韧性建设的国内实践

本章选取我国城市灾害韧性建设的代表性实践作为研究样本进行了深入分析，具体如表7.2所示。本章根据灾害韧性建设进展划分各个城市所处的阶段，并据此绘制了城市洪涝灾害韧性建设生命周期图，具体如图7.1所示，相关案例资料信息主要通过政府部门发布的韧性战略报告、《光明日报》的报道等途径获得。本章在资料分析过程中，主要采用定性的解释性分析方法，对比分析灾害韧性建设不同阶段的应对策略。

表 7.2　我国城市灾害韧性建设的代表性实践

类型	城市	代表性实践
国际合作类	德阳、黄石、海盐、义乌	入选洛克菲勒基金会启动的"全球 100 韧性城市项目"
	成都、洛阳、绵阳、宝丰、三亚、咸阳、西宁	参加联合国减灾署发起的"让城市更具韧性"行动
自主探索类	北京、上海	将"韧性城市"建设纳入城市总体规划
	广州	将"韧性城市"建设纳入城市国土空间总体规划
	成都、西安	将"韧性城市"写入《政府工作报告》

资料来源：笔者整理获得。

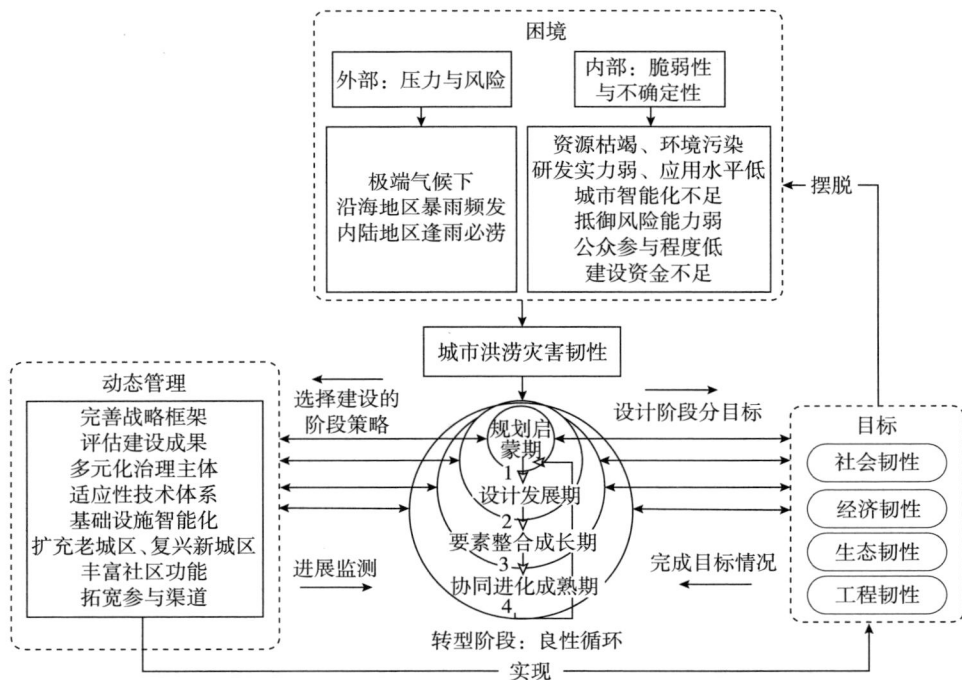

图 7.1　城市洪涝灾害韧性建设生命周期

资料来源：笔者使用 Visio 软件绘制。

（1）灾害韧性建设的第一阶段：规划启蒙期（1~3年）。在此阶段，城市处于规划启蒙期，正努力将韧性思想渗透进城市发展与灾害防治领域，是城市灾害韧性建设的开端，主要内容是明确韧性城市的建设目标，识别城市的关键风险及影响因素，在城市规划建设中考虑城市面临压力时的稳定性和面临风险干扰时的脆弱性，勾勒城市韧性建设的宏大理论框架等。但在此阶段城市相关建设经验不足，实践应用范围较小，资金不充裕，行动方案缺乏针对性和系统性，设置的考核指标缺乏规范性和领域化，城市的建设成本高、改造难度大，面临技术水平低下、政策战略粗放、基础设施抗灾能力弱、忽视公众参与等问题。因此，我国该阶段的城市灾害韧性建设需要借鉴国际上的丰富经验和多元化的案例实践，总结其特点和优势，不断丰富细化宏观的韧性框架，使其微观化。同时，加强为民众普及韧性理念，促进全社会达成共识，从而实现韧性理念在城市灾害防治建设过程中的落地与推广。洛阳、绵阳、宝丰、三亚、咸阳、西宁等城市虽然在2011年参加了"让城市更具韧性"行动，但是这些城市资源禀赋较差，未能制定具体的韧性建设方案及评价考核工具，导致韧性建设止步不前，仍处于规划启蒙阶段。本章总结了规划启蒙期各城市灾害韧性建设的困境与应对策略，具体如表7.3所示。

表7.3　规划启蒙期各城市灾害韧性建设的困境及策略

面临困境	技术水平低	政策战略不具体	基础设施覆盖率低且抗灾能力弱	公众未达成韧性共识
洛阳（河南省）	构建智能立体停车场	《洛阳市国土空间总体规划（2018—2035）》	开通地铁，建设快速路	专项行动，解决居民问题
绵阳（四川省）	智慧公园座椅	参加联合国减灾署发起的"让城市更具韧性"行动	加速城市老旧小区改造；启动"公园＋"改造	整合城市旅游资源，创意开发城市旅游有机体
宝丰（河南省）	黑臭水体治理技术	参加联合国减灾署发起的"让城市更具韧性"行动	保护利用历史文化建筑，推进雨污管网工程建设	实施"送果树，进农家"惠民工程
三亚（海南省）	水系净化循环系统，雨水收集利用系统	启动"双修双城"工作	针对全市社区海绵化改造，错峰排水	建设湿地公园，吸引游客

面临困境	技术水平低	政策战略不具体	基础设施覆盖率低且抗灾能力弱	公众未达成韧性共识
咸阳（陕西省）	建设生态停车场，智能路灯	《陕西省道路交通安全工作三年行动方案（2018—2020年）》	建设"三桥三隧"；打通断头路，建、改人行天桥；改造老旧小区和街巷	修复古城，举办大型花卉展
西宁（青海省）	黑臭水体消除技术	《美丽城市总体规划暨行动纲要》	水系综合治理，补齐老城区雨污合流"短板"	改善居民生活环境

资料来源：笔者整理获得。

（2）灾害韧性建设的第二阶段：设计发展期（3~5年）。在此阶段，城市对韧性理念的共识初步达成，会落实细化目标的设计，处于灾害韧性建设的前期，需要制定短期防灾减灾或气候适应性规划目标，为扩大韧性理念的应用场景、丰富灾害韧性建设实践的领域及城区奠定基础；同时，城市会引进国外先进技术与设备，实现低层次的节能减排与灾害预警，对老旧城区进行"三供一液"等惠民改造，对新城区进行宜居建设。然而，此时的城市灾害韧性建设缺乏顶层设计的管理机构，设计原则尚未达成统一，对长期气候变化风险考虑不足，目标为刚性应对目标准过高，难以通过短期试点达成；同时，城市更关注交通、建筑、基础设施等工程韧性建设的局部优化，会认识到科学水平对韧性建设中设备和材料使用的限制，识别出众多利益相关者，但未找到合作的切入点。因此，该阶段的城市灾害韧性建设要结合地方特色进行框架结构的转变，根据自身需求展开广泛的产学研合作，探索自然及社会系统的适应性、整体性治理，提升基础设施的抗灾性能，改善城市承灾体的脆弱性，由政府主导自上而下开展社区韧性建设，通过科普、培训、演练等方式来提升公众防灾减灾意识与应急处置能力。成都和西安在2020年才将"韧性城市"写入《政府工作报告》，此后开始推动韧性建设；广州虽然在2021年才将"韧性城市"建设纳入城市国土空间总体规划，但其经济基础好，韧性建设速度较快；上海虽然于2017年将"韧性城市"建设纳入城市总体规划，但是韧性建设进展缓慢，所以这4个城市均处于设计发展期。本章总结了设计发展期各城市灾害韧性建设的困境与应对策略，具体如表7.4所示。

表 7.4　设计发展期各城市灾害韧性建设的困境及策略

面临困境	高新技术研发实力弱、应用水平低	政策战略为短中期，约束力不足	基础设施智能化不足	公众参与渠道单一
成都（四川省）	安全风险智能管控平台，优化成都市电梯困人应急服务平台	将"韧性城市"写进《政府工作报告》	优化布局供电网络，天然气管网互联互通，老旧小区燃气设施应改尽改；丰富城市消防站	建设防灾减灾主题公园，"1+N"防灾减灾体验中心，提升市民安全素养
上海	建设智慧交通专网	推进城市安全发展工作措施	"一网通办""一网统管"；开展"低碳城区"试点，无人驾驶示范路线，沪宜公路智慧列车	打造多功能复合的活力文化街区，完善城乡公园体系
广州（广东省）	建成城市信息模型（CIM）基础平台，开发智慧工地、智慧园区、智慧社区、智慧水务等应用场景	建立"城市体检观察员"制度，《广州市2021年城市体检工作方案》	治理交通拥堵点位，优化垃圾分类投放工作，改造老旧小区，增设无障碍通道，完善消防设施	调查市民对人居环境现状的满意度
西安（陕西省）	软硬件结合，搭建协同联动平台	将韧性城市纳入经济社会发展纲要及国土空间规划	严控建筑规模，优化空间布局，补齐建设短板，实施"海绵城市"、综合管廊、城市绿廊、地下空间等建设	做好公众应急预案宣导，定期组织城市应急演练，战防结合

资料来源：笔者整理获得。

（3）灾害韧性建设的第三阶段：要素整合成长期（5~10 年）。在此阶段，一是城市开始加快灾害韧性建设的脚步，制定了完善的标准，具有针对性和系统性，会进行资源要素和实践领域的整合，以综合提升城市系统的灾害韧性水平。二是城市在建设中会加入空间韧性管理，开展 10~20 年的中长期韧性规划建设，同时重视工程、经济、社会、自然等多层面全方位的灾害韧性建设，评估指标从定性转变为定量化。三是城市建设会注重构建数字化、智慧化、一站式集成资料平台及互联互通合作网络平台，重视资源共享、信息互通，创新资源利用技术，降低能耗和污染，自主开发韧性先进救灾技术及工具包，但是缺乏对国内未来技术研发需求及变化趋势的广泛调研和科学判断，还需进一步明确未来各区域各行业的技术发展路线。四是城市基础设施的冗余性和关键设施的抗灾能力不断增强，已经创造出充足可达的绿色空间，但是基础设施覆盖领域不够均匀、分类不够清晰。五是城市建设会不断创新产业战略，完善金融支持方式，鼓励多方社会力量和私人资金投入城市灾害韧性建设，创造居民参与社区共建共享的多种途径和机会，保障并扩大居民在社区的相关权利，打造社区居民韧性精神，但需要注意的是，应当预防利益冲突的发生。德阳（2016 年）、黄石（2017 年）、海盐（2016 年）、义乌（2017 年）等城市已入选"全球 100 韧性城市项目"，我国已设立了首席韧性官（CRO）引导各城市相关部门和城市居民开展韧性战略的制定和实施，发展态势良好。北京于2018 年将"韧性城市"建设纳入城市总体规划，经过几年的快速发展，取得了阶段性发展成效。本章总结了要素整合成长期各城市灾害韧性建设的困境与应对策略，具体如表 7.5 所示。

表 7.5　要素整合成长期各城市灾害韧性建设的困境与策略

面临困境	韧性技术体系不完善	治理能力欠缺，建设成果评估不足	基础设施覆盖领域不均匀、分类不清晰	多利益主体参与程度不高
德阳（四川省）	矿区资源再利用技术，水环境监测管理体系，灾害预防和减灾信息化建设	《德阳韧性战略行动计划》	加强污水处理，开展"厕所革命"；提升房屋抗震水平	修复矿区生态和五大湖区生态，打造微村落
黄石（湖北省）	升级污水收集处理流程，实施防洪信息化建设	《黄石市韧性建设初步评估报告》《黄石韧性战略报告》	综合交通体系，展开水体治理，开发新区，更新旧区	建设最美工业旅游城市，构建新型住房供应体系
海盐（浙江省）	基层治水工作机制，区域空气自动监测技术	《2018 海盐县大气污染防治实施计划》《2018 年海盐县大气污染治理攻坚方案》	创建"污水零直排"工业区、住宅区、小镇；建设垃圾焚烧发电厂	建设"污水零直排"住宅小区
义乌（浙江省）	共享资源和信息网络，创新治水考核机制	《关于创建国家生态园林城市的实施意见》《义乌市国土空间总体规划（2021—2035 年）》	产城融合，完善公共服务设施，优化生态环境	打造文明幸福和谐之城
北京	构建城市智能综合感知体系，建设应急物资管理和调度平台；建筑物结构强震动监控台阵与结构健康监测技术	《北京城市总体规划（2016 年—2035 年）》《北京韧性城市规划纲要研究》《关于加快推进韧性城市建设的指导意见》	实施学校宿舍安全工程，综合整治老旧小区，推进应急避难场所建设	建设韧性社区，把韧性城市理念、应急常识教育纳入中小学校和高校素质教育，开展社会公众应急基础素养培训

资料来源：笔者整理获得。

（4）灾害韧性建设的第四阶段：协同进化成熟期。在此阶段，一是城市灾害韧性建设达到理想阶段，各部门和系统之间相互依赖支持、协同共生、耦合进化，韧性水平较高，能从灾害应对中学习经验和吸取教训并不断进化。二是城市韧性建设思维从刚性化、精准化转变为柔性化、趋势化、动态化，治理主体趋向于多元化，注重顶层设计，但是侧重点聚焦于国内，缺乏全球定位与布局，各政府部门的权责也不清晰，政府决策能力弱，应加快智能数字政府的建设，明晰部门权责，将韧性建设指标纳入政府考核体系，提前为面向国际化的未来战略和广泛前景布局。三是城市灾害韧性建设善于运用尖端技术，打造多维智慧城市空间，但是存在多元治理主体，需要政府提升管理水平，有效利用协同联动平台，此时城市可能处于技术扩散能力弱、国际话语权低的困境，应将韧性建设技术通过共建"一带一路"倡议等向国际转移，构建全球领导力。四是新城区建设与老城区改造基本完成，城市"生命线系统"不断完善，可能存在管理运营不善与区域养护技术不达标的风险，应预防地质灾害、极端天气等风险对设施的破坏。五是城市建设部门会积极制订教育计划，发展早期儿童灾害韧性教育，提升青年灾害韧性建设能力，创新社区运营方式，建立多方协同治理机制，追求效益最大化，但是存在建设资金渠道不清晰、社会资本撤出、未来供给规模不足的风险，因此，应加强灾害韧性建设的经济支撑能力，详细划分资金的来源，分析其规模并评估其未来潜力，为弥补灾害韧性建设资金的空缺提供明确的方向（由于研究的城市案例均处于灾害韧性建设的发展阶段，还没有达到灾害韧性建设的协作进化成熟期，因此该阶段的策略只能进行理论分析）。

7.2　不同维度城市洪涝灾害韧性的优化策略

本章基于城市洪涝灾害韧性的指标体系、评估结果及时空演化格局分析，从压力、状态、响应三个维度，结合经济、社会、生态、工程四个城市系统提出了我国城市洪涝灾害韧性的优化策略。

7.2.1 压力维度韧性的优化策略

从我国城市洪涝灾害压力韧性的时空演变特征来看，我国城市压力韧性指数呈缓慢下降趋势，主要原因在于我国城市洪涝灾害风险不断加剧，发生频次和严重程度日益增加，因此，本章将从以下几个方面提出优化策略：

7.2.1.1 定期进行洪涝灾害风险评估

如果要提升城市的洪涝灾害压力韧性，就需要对城市所面临的洪涝灾害风险有一个全面的了解，便于及时有效地评估城市洪涝灾害风险，制定全要素、全方位、全流程的灾害评估体系。相关部门可以采取的措施包括：强化城市的洪涝灾害监测预警，开展重大极端暴雨灾害事件归因分析，构建灾害预测预警技术，建立和完善洪涝灾害风险早期预警平台和气象灾害监测预报预警系统，提升灾害事件预警准确率、精细度和提前量等。例如，北京市在《北京城市总体规划（2016年—2035年）》中提出，要掌握灾害的频次、强度、覆盖度、区域关联度，基于时空数据挖掘次生灾害演化链、多灾种耦合风险等，识别城市洪涝灾害的频次、强度、覆盖度、区域关联度，明确灾害的危险性、城市的脆弱性、防灾水平及次生关联影响，定期评估城市的洪涝灾害风险。

7.2.1.2 合理开发利用土地

合理规划和布局土地结构，将洪涝风险管理纳入城市土地的规划与管理中，是城市应对洪涝灾害风险的关键措施。在老城区的更新改造和新城区的开发建设中加入具有抗涝结构的防洪和排水渠，形成有效的水循环系统，可以有效解决水体污染和城市洪灾问题。相关部门可以采取的措施包括：打造城市绿地系统，依托现有绿地资源，增加湿地面积，提升水源涵养能力，缓解雨洪内涝压力，推动城市绿色转型发展，降低城市工程设施重要生命线系统的暴露度。

7.2.1.3 进一步推进"海绵城市"气候适应型城市建设

"海绵城市"、气候适应型城市建设试点是我国适应气候变化、解决城市洪涝灾害的两种具体途径。"海绵城市"是新一代城市雨洪管理概念，强调对生态系统的再造与补偿，强调雨水是一种资源而不是一种"废物"，以减少城市洪涝灾害的发生。气候适应型城市建设是指城市在建设管理全过程中主动适应升温效应带来的各种气候风险，不断提升城市基础设施、重点工程、敏感领域、生态系统的适应能力，提升城市减缓和适应气候变化的能力。

7.2.2　状态维度韧性的优化策略

从我国城市洪涝灾害状态韧性的时空演变特征来看，我国城市洪涝灾害状态韧性在研究期内逐渐下降，且大多数城市的状态韧性处于中等水平，主要原因在于我国经济发展模式的转变影响了经济状态韧性的发展，社会状态韧性和生态状态韧性虽然发展态势良好但仍有提升空间，工程状态韧性受到城市扩张和人口集聚的冲击，抵抗洪涝灾害风险的阈值设定尚需加强，因此，本章将从以下几个方面提出优化策略：

7.2.2.1　多元化发展增强经济韧性

状态韧性中的经济韧性是城市应对洪涝灾害的中流砥柱，在复杂多变的全球局势及极端气候环境下，我国城市只有具有多元化的经济韧性和极强的自我调节能力才能成功抵御不确定的风险。我国各地应从自身的现实基础出发，结合国家提出的"碳达峰"和"碳中和"战略，创造多元化的发展路径，根据不同地域特征，结合本地资源状况、交通区位等综合因素，从劳动力密集、资本密集的增长路径向技术创新驱动的路径转型，以创新为底层逻辑，赋能实体经济，加快转变经济增长方式，提升我国经济的抗风险能力。

7.2.2.2　增强社会凝聚力与包容性

要将城市韧性理念全面纳入城市发展政策框架中，社区是城市的基础单元，民众是参与灾害韧性建设的直接载体，要将民众置于规划的中心，充分调动社区民众的主观能动性，让韧性理念成为居民的普遍共识和实际行动，"自下而上"地展开灾害修复工作，这些对城市的灾害防治、恢复重建、反思治理起到关键作用。凝聚力和包容性是推动民众积极参与灾害韧性建设的重要动力，也可有效避免灾后社会动荡、政府公信力下降等情况。相关部门可以采取的措施包括：开展韧性教育与应急培训，在增加公众参与程度的同时提升其韧性建设能力和灾害应对能力；关注弱势群体，增加教育、医疗、住房等资源投入，创造更多的就业机会；制定激励政策，促进企业、社会组织、市民群众进行韧性投资与开发，加强各主体要素之间的合作，使各方共同参与改造社区，提升城市包容性。

7.2.2.3 做好城市绿地与缓冲区规划

提升绿地、湿地、生物屏障等绿化缓冲区面积，不仅可以有效减轻洪涝灾害的影响，还有助于缓解热岛效应和温室效应，打造一个更具健康效益的宜居环境。相关部门可以采取的措施包括：大力建设城市"海绵体"，加强建筑与绿地对雨水的渗透和蓄滞水平；提高城市山水林田湖草沙等海绵骨架的保护和完善，构建以山脉生态绿地为面，河流滨水绿带为线，各片区公园等集中绿地为点的山环水绕、内涵丰富的生态园林，减少人工干预河流、对河流进行裁弯取直工程等活动。

7.2.2.4 持续改善城市基础设施建设

我国各城市的基础设施韧性水平较低，不同城市的基础设施建设差异较大。部分内陆城市的防洪设施老旧，排涝标准较低，这些城市需要打造功能性、智慧性的基础设施体系，提升基础设施、交通港航、水电暖气等网络的耦合能力，保障城市受灾后的运营能力和服务水平，完善防洪排涝工程和设施，提升防治标准，有效抵御极端气候的冲击。在规划配置过程中，相关部门也要进行细致的调研和设计，充分考虑民众的生活习惯及安全环境，设计高品质的开放空间、绿色空间，打造宜居社区，增强交通可达性，提高水资源、能源和废弃物的利用效率。但是在提高基础设施韧性的同时，要重视环境遗产的保护，加强防灾减灾工程和应急避难所建设，提高居民生活质量和幸福感。

7.2.3 响应维度韧性的优化策略

从我国城市洪涝灾害响应韧性的时空演变特征来看，我国城市洪涝灾害响应韧性在逐步提升，但是许多城市的响应韧性水平仍然较低，严重影响城市的洪涝灾害韧性发展，并且不同区域城市和不同规模城市，影响其响应韧性发展的因素各有不同，因此，本章将从以下几个方面提出优化策略：

7.2.3.1 做好洪涝灾害的监测预警

准确的灾害预警是决策者和民众更好地应对洪涝灾害风险、降低城市灾害损失的前提，要充分利用地理信息、大数据监测等手段与技术，建立灾害预测、预报、预警三合一的智慧气象信息平台，完善灾害的监测、评估、灾情管理等信息的共享机制，提高气象预报和预警信息的准确性。此外，还要开展重大极端气候事件归因分析，构建极端气候事件和复合型灾害预测预警技术。另外，还应建立和完善气候变化风险早期预警平台和分灾种气象灾害监测预报预警系统，提升极端气候事件预警准确率、精细度。

7.2.3.2　深化洪涝灾害应急管理

政府应针对洪涝灾害的特性制定内涝应急预案，并定期更新，使其更具科学性和实用性，针对不同灾情设置相应的响应策略和流程，基本形成纵向到底、横向到边的灾害应急预案体系。要开展洪涝灾害应急演练，加强各部门之间的资源整合与协同联动，并对应急预案展开动态管理，根据演练中发现的问题与不足修改预案。另外，还要重视防灾减灾专业救援队伍的建设，但也不能忽视社会工作者与志愿者的辅助力量，还需不断加强对救援队伍的培训。

7.2.3.3　政府财政和商业保险并驾齐驱

洪涝灾害对城市造成的人员伤亡和经济损失越发突出，但是目前主要靠地方财政进行灾害救济，商业保险的辅助作用不明显，应设立洪涝灾害保险制度，多渠道分担灾后风险，并建立相关法律制度保障其有效实施。此外，还要建立和完善风险分担机制，完善相关制度，鼓励更多的商业保险、金融机构参与灾害保险，建立市场主体多样化、交易品种多样化和交易机制多极化的多层次金融体系，丰富灾害风险分摊形式，有效解决洪涝灾害风险对民众生产生活造成的影响。

7.2.3.4　普及韧性理念和救灾方法

一个具有韧性的社会，会要求适应主体的理念从政府主导向全社会参与的方向转变，会广泛动员企业、社区、社团、公民积极参与到城市的灾害韧性建设工作中，推动适应行动主体多元化发展，提升全社会应对洪涝灾害风险的意识与能力。相关部门可采取的措施包括：通过应急宣讲、抗洪演练、社区活动等多方法多手段，提高民众的自我抗灾救灾能力，并提升其灾后适应恢复能力，使其在灾害响应中发挥主观能动性，提升城市的整体灾害应变能力；经常性组织群众、学生开展洪涝灾害应急演练，提升公众的灾害防范应对能力，减少自然灾害带来的损失。

7.2.4 综合韧性的优化策略

我国城市洪涝灾害韧性的区域间差异较大且发展不均衡，存在"高水平垄断"和"低水平陷阱"的现象，且随着时间变化，产生了"循环积累因果"效应，主要原因在于不同城市资源禀赋不同，不同城市之间各子系统韧性发展水平差异较大，本章将从以下几个方面提出优化策略：

7.2.4.1 提升政府应急管理能力

如何有效应对城市的洪涝灾害，提升城市的灾害韧性，是政府部门尚需完成的一份"考卷"。政府作为灾害韧性建设的主体和灾害治理政策的制定者，在灾害治理过程中要协调好"防"与"救"的问题、各部门之间"上"与"下"的问题，以及资源使用过程中"开"与"闭"的问题，还要做好灾前、灾中、灾后的统筹与协调、预警防治、应急响应、恢复重建与反思提升工作，确保指令传达畅通、沟通协作有效、应急指挥高效。

7.2.4.2 增加社会资本投入

地方财政资金的有限性，在一定程度上降低了灾害韧性城市建设的速度，因此需要加大社会资本的投入，但是灾害韧性城市建设项目大多公益性较强，效益存在明显的外部性，自身偿还资金能力弱，需要纳入更多运营性资产以提升社会资本的参与意愿。例如，可以在"海绵城市"项目中增加能提供新增水资源供给量的雨水集蓄利用项目，增加能够提供门票收入的多功能调蓄及生态公园，考虑能够收取停车费的生态停车场等。同时，灾害韧性城市建设的投资巨大，主要来自财政资金、PPP模式、地方政府债、地方融资平台，除了财政资金外仍需借助其他融资方式增加投入，如采取绿色债叠加财政补贴助力方式，拓宽建设资金来源渠道。

7.2.4.3 协调多元主体的利益

城市洪涝灾害风险的不确定性较大，容易造成跨区域的复合型灾害，仅靠政府的单一力量，是难以应对的。想要提升城市的洪涝灾害韧性，就应该打破资源壁垒，形成全社会多主体协同治理的模式。例如，北京市正在探索和推广多主体参与的协同共治模式，以提升全民的韧性意识。各城市的政府部门、公益组织、研究中心、私营企业等主体之间应该加强沟通和协调，充分了解自身的能力，以及在洪涝灾害应对过程中可以调动使用的资源，充分协调各主体之间的利益，争取更多的利益相关者的支持。

7.2.4.4　充分考虑时空演化策略

在制定灾害防治策略时，不能忽视时间与空间上的演变，对城市洪涝灾害韧性展开时空演化分析，有助于把握和剖析洪涝灾害风险与治理，促使城市各系统随时间变化趋势进行相应调整，减少空间上的联动损失，减轻预期影响。我国洪涝灾害韧性区域差异显著，各城市应立足本土优势，探索不同的优化策略。首先，发展较好的东部地区和省会城市要借助良好的经济社会基础，将洪涝风险监测与智能技术相融合，为发展较差的地区打好样板，其他类型城市可逐步优化空间布局，充分挖掘自身潜能，缩小地区差距。其次，打破地区壁垒，加强区域间的互动交流合作，我国城市洪涝灾害韧性水平目前流动性差、持续性强，城市间孤立发展，高水平城市的辐射能力较差，因此要加强城市间的空间联动与优势互补。

7.3　不同类型城市洪涝灾害韧性的优化策略

不同城市的地理环境、资源禀赋、发展水平有所不同，各自面临的洪涝灾害风险及灾害韧性水平也有所不同，导致影响其韧性水平的关键因素也存在区域差异。因此，本章按照城市所处的区域、形成的规模来给出具有针对性的洪涝灾害韧性优化策略，为相应城市的韧性建设提供一定的参考和借鉴。

7.3.1　不同区域城市洪涝灾害韧性的优化策略

（1）东部地区城市的优化策略：经济韧性、社会韧性和生态韧性是东部地区城市洪涝灾害韧性的主要影响因素，工程韧性水平在四类系统中最低。其主要原因在于，东部地区城市的城镇化进程发展较快，基础设施的建设速度未能跟上人口急速增长的速度和气候环境变化的速度，部分基础设施不堪重负，无法应对未来的极端气候。因此，未来东部地区城市要补齐灾害韧性建设的短板，以提升其韧性水平。具体可以从以下方面着手：一是要提升其社会韧性水平，进一步完善韧性建设专项计划和战略制度的设计，完善洪涝灾害、复合气象灾害等风险的预防和紧急救援体系，提升气象保障能力，细化具体措施，协调各个部门，整合各项资源，打破"孤岛效应"。二是要针对工程韧性建设的不足，提升城市生命线系统标准、城市交通设施标准、能源设施标准，加强城市公共交通系统建设和地下综合管廊建设，降低基础设施不足以应对洪涝灾害的脆弱性。

（2）中部地区城市的优化策略：社会韧性和生态韧性是中部地区城市洪涝灾害韧性的主要组成部分，经济韧性和工程韧性是关键影响因素。中部地区经济韧性和工程韧性经历了增长的过程，但水平仍处于较低的状态，同时社会韧性也出现了一定程度的下降，原因可能是社会发展的速度跟不上城镇化和工业化的提升速度，社会资源的人均水平下降。未来中部城市可从以下几个方面提升洪涝灾害韧性城市建设的水平：一是要提升中部地区城市经济韧性水平，积极推动产业的转型升级，大力发展数字经济和绿色经济以此来带动实体经济，加强生态环境的治理，形成科技链产业链，降低城市的能源排放，打造以高新技术为主的现代产业体系，促进经济高质量发展、可持续发展；二是要在工程韧性建设上，要关注中小城市建设和应急通信建设，补齐中小城市的洪涝灾害韧性短板，构建高效联通的信息管理系统，以提升中小城市应对洪涝灾害的能力。

（3）西部地区城市的优化策略：生态韧性和工程韧性是西部地区城市洪涝灾害韧性的主要组成部分。在样本研究期内，西部城市的工程韧性缓慢增长，带动其整体洪涝灾害韧性水平不断提升。但是西部地区城市的经济韧性和社会韧性大多处于较低的水平，社会韧性存在下降趋势，制约了其城市洪涝灾害韧性水平的提升。因此，西部地区的发展策略可从以下几个方面着手：一是要加快补齐经济韧性的短板，紧跟国家发展战略，以国内国际"双循环"为指导，整合各类要素，加强交通设施建设，打通要素之间的流通渠道，促进经济高质量发展；二是要提升社会韧性水平，从提升居民收入、社会服务质量入手，提高民众的安全应急意识和防灾减灾能力，拓宽社会公众参与渠道，提升社区服务质量，增强城市社会韧性。

7.3.2　不同规模城市洪涝灾害韧性的优化策略

根据我国不同规模城市的洪涝灾害韧性发展特征，本章从补短板、强韧性两个方面提出了我国不同规模城市洪涝灾害韧性的优化策略。

（1）超大城市。超大城市是中国经济持续增长的巨大引擎，但也面临灾害风险高发的危机。未来这些城市的优化策略主要包括：控制发展规模，进一步优化功能布局，将部分功能疏解辐射到周边城市，建设蓝绿生态基础设施，打造城市绿色生态网络，提升城市的生态韧性；在对老建筑、旧小区实行更新改造的同时，也要注重文化遗产的保护，布局要采取分布式、多中心的方式，降低城市的暴露度和脆弱性，减轻灾害的损失程度和影响范围。

（2）特大城市。特大城市是区域发展的重要增长极，多为副省级城市和部分省会城市，经济基础较好，社会韧性较强，但是生态韧性和工程韧性有所欠缺。未来这些城市的优化策略主要包括以下几点：一是要对城市的开发边界做出限制，在维持城市现有生态空间的基础上，增强其洪涝灾害的应急能力建设，强化城市红线的管治；二是要对关键的抗洪排涝工程设施进行完善，适当增加救援避难空间，补齐灾害治理的短板。

（3）大城市。大城市多为省会城市或区域内的大城市，这些城市的短板主要表现在社会韧性和工程韧性方面。未来这些城市的优化策略主要包括以下几点：一是要推进社区韧性建设，形成家庭及社区居委、公共和商业服务等多元参与的社区韧性共同体，加强应急资源的社区化配置与市场化配置，实现生产端、生活端和治理端连接社区全覆盖，建立社区资源保障体系，保障居民的各种福利，提升其幸福感；二是要加强工程韧性中交通、医疗、电力、供水等公共设施的建设，尤其是沿海城市，更应关注防洪抗涝方面的韧性建设。

（4）中等城市。近年来这些城市也在快速扩张，人口急速增加，生态韧性和社会韧性发展较好，但是经济韧性和工程韧性存在不足。未来这些城市的优化策略主要包括以下几点：一是要推动产业结构的转型升级，加快各要素的整合流通，打造能够支撑经济高质量发展的现代化产业体系；二是要提升基础设施的抗灾能力和应对能力。

（5）小城市。小城市的发展特征是人口老龄化严重、产业结构单一、社会公共服务不足等，这些是影响其抗风险能力的关键因素。未来这些城市的优化策略主要包括以下几点：一是在强化本地资源优势的同时调整产业结构，优化城市空间布局，大力发展绿色低碳产业园区，完善现代化产业体系；二是完善城乡基本公共服务体系，努力提升居民的收入水平，关注弱势群体的社会保障和救助工作，增强其抗风险能力。

7.4 城市洪涝灾害韧性保障机制

城市洪涝灾害韧性水平的提升受到多种复杂因素的影响，其中，技术是韧性提升的基石，组织是韧性提升的保障，环境决定韧性提升的上限，三种因素与城市洪涝灾害韧性水平之间不是简单的线性关系，而是要通过多维要素协同配置来保障城市灾害韧性的提升。本章根据第 6 章构建的城市洪涝灾害韧性 TOE 理论分析模型及相关的提升路径分析结果，结合技术（风险监测能力、风险预警能力）、组织（财政资源供给、政策重视程度）、环境（洪涝灾害风险、公众参与程度）三个维度六个组态变量，从技术、组织和环境三个方面提出了我国城市洪涝灾害韧性的保障机制。

7.4.1 技术保障

洪涝灾害的预防和治理离不开信息技术的支持，决策者需要不断汇总相关信息调整应急响应策略。但是信息的复杂性和不对称性会影响政府部门之间的协同性和资源整合性，也会影响公众对灾情的了解，进而影响灾害治理的效果。在纵向政府层级间，在对灾情信息进行层层上报和汇总的过程中，可能会出现选择性上报、延迟性上报等情况；在横向部门间，灾情信息可以在所属部门内部有效传播，但是部门与部门之间的信息传播仍然缺乏有效的路径。不同城市主体（政府、企业、组织等）之间的结构存在差异，工作方式也不尽相同，能否整合各主体的资源，实现洪涝灾害的整体性治理，消除资源"碎片化"的困境，关键在于政府部门能否加强与各主体的信息交流，提高协作的有效性，实现资源的整合与共享，这就需要数据网络共享技术的支撑。

洪涝灾害的预警监测水平对洪涝灾害的预防和治理，以及城市韧性水平的提升具有重要作用。政府部门可以引入新的雷达遥感监测系统，借助大数据、云平台等智能化技术，对致灾因子进行动态监测，提升承灾体的分辨率，加快灾情评估速度，构建适用于复杂环境的水文模型，加强洪涝灾害预警精度和风险评估的时效性，扩充灾情信息预报方式，加强与城市其他主体的信息互动、资源整合，以便决策者提出更加准确、有效的应急响应措施。据此，本章绘制了城市洪涝灾害韧性的信息集成平台构成图，具体如图 7.2 所示。

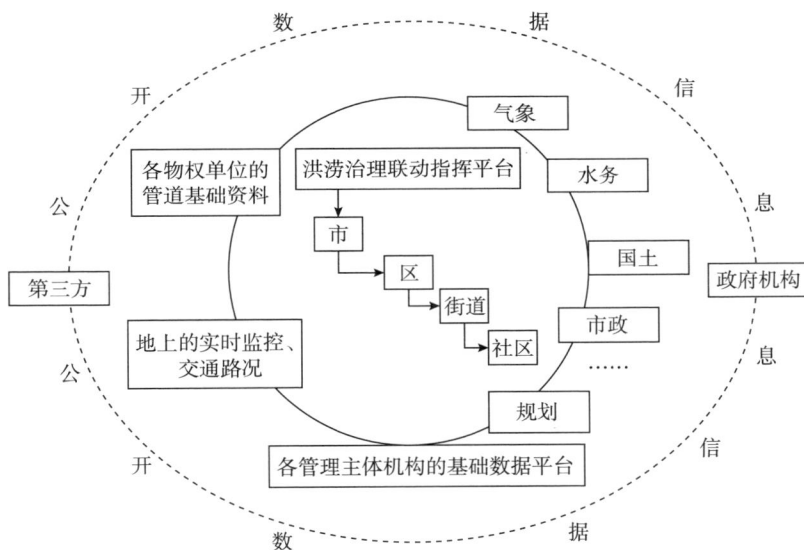

图 7.2　城市洪涝灾害韧性的信息集成平台构成

资料来源：笔者使用 Visio 软件绘制。

因此，在技术层面上，政府部门应当对城市多元主体进行灾害信息数据的公开。灾情信息的公开可以有两种途径；一方面，将信息平台链接到政府官方网站，面向各主体公开数据信息；另一方面，构建专门的信息储存数据库，可以帮助公众了解灾情信息，减缓焦虑和恐慌心理，能够为企业和组织提供灾情数据，有助于企业调动自身资源参与灾害的应急救助。例如，相关企业可以参与政府的技术开发和数据管理过程，将气象信息和路况信息相结合，打造灾情预报预警 App，服务居民群众。

同时，政府部门也需要打造贯通全市、区、街道、部门的联动指挥平台。该平台应具有多项功能：首先，将纵向层级、横向部门之间的相关数据连接起来，储存在信息平台；其次，对灾情信息进行动态采集，对信息收集部门上报的信息进行汇总、评估、分类，以供决策者查看和使用；最后，联动指挥平台应对信息进行处置和流转，决策者可以通过平台对相关部门发出指令，要求其采取相应的治理措施。联动指挥平台可以高度整合政府主体内外部的平台数据，其处于数据系统的最高层级，是灾害治理的门户也是其他数据进入的门户，可以统筹零散的洪涝灾害数据，实现灾害的整体性治理。

有效的灾情监测预警信息加上协同治理的信息集成平台，可以满足灾害治理的需求：一是可以将城市灾害治理信息按不同因素进行归类处理，破除"信息孤岛"；二是可以将信息在层级之间、部门之间同步更新，为决策者做出准确、有效的决策提供数据支持；三是形成线上指挥"枢纽"，实现部门与层级之间的整合与联动，提升灾害应急救援的效率。

7.4.2 组织保障

洪涝灾害韧性建设离不开政府主体的支持。虽然提升城市多元主体对洪涝灾害的应急处置能力可以增强其灾害治理的积极性，但是政府层面的组织保障才是洪涝灾害韧性建设能够持续进行的关键。政府在韧性建设的过程中，除要促进灾害治理理念的转变外，还需制定相关制度来约束执行者的行为，巩固韧性建设成效，可从以下几个方面着手：

一是健全监督管理制度。应充分发挥应急管理部门的主体作用，与相关部门签订防汛抗涝责任书，明晰各部门权责，丰富监督形式，不限于上下级监督、部门间监督、公众媒体监督和个人网络监督等形式，最终形成全面的工作考核机制、事后问责机制和监督管理机制。

二是加强考核和激励制度。韧性建设初期，对于行政绩效的要求，是各部门积极主动参与韧性建设的内在驱动力，因此要将城市洪涝灾害韧性建设的相关评估指标纳入传统的政绩考核系统，并通过追究责任和正向激励等方式，促使各部门整合资源并协同参与城市的韧性建设。

三是制定与完善法律法规。韧性建设已成为国家战略，必须制定相应的法律法规，明确责任主体的权利和义务，使洪涝灾害治理有法可依，有据可循。政府主体作为统筹协调各项资源的中枢，应充分发挥主导作用，做好洪涝灾害应急预案，维护好防汛抗涝设施，做好公众安全和利益保障，加强顶层设计，协调部门间的联动互通；同时，及时更新规划建设标准，扩宽适用范围，满足城市洪涝灾害韧性建设的实际需求。

7.4.3　环境保障

城市的治理单元已逐渐下沉，社区作为城市的基本单元，对灾害韧性建设的要求逐渐提升，社区居民作为社区的一分子，应该提升灾害风险意识和灾害应对能力。我国当前的灾害治理都是"自上而下"的，公众对政府制定的防灾减灾规划很少了解更谈不上参与，政府部门应转变思路，推动形成灾害自下而上的治理模式，主要可以从以下几个方面进行：

一是打造健康和谐的社区，为社区居民提供更加丰富的资源和就业机会，关注弱势群体，帮助其应对日常压力，提升其灾害应对能力，减少违法犯罪的发生，保障社会的安全发展；二是加强社区参与城市韧性建设的深度，开展邻里项目，创造更多的宜居社区，为社区植入多元功能，开发社区新的运营方式，鼓励居民参与规划设计，增强居民对城市文化的价值认同感；三是将权力下放到社区，以共享为切入点丰富社区功能，完善社区应急管理网络，增强居民防灾意识，进行应急情景规划，培训居民应对突发灾害的技能；四是关注城市主体的脆弱性，关注社区居民的年龄结构，吸纳年轻人的加入，降低社区老龄化程度。总之，只有将韧性城市建设不断下沉，提升公众的参与程度，才能成功打造宜居、可持续发展的韧性城市。

7.5　本章小结

本章以理论机制分析和定性加定量的实证研究为城市洪涝灾害韧性建设提

供了数据支撑，并提出了具有针对性的优化策略与保障机制。

（1）梳理了国外城市灾害韧性建设的经验，总结了我国灾害韧性城市建设的特点与短板，并基于生命周期理论，以国内代表性实践城市为案例，深入分析了不同发展阶段城市灾害韧性建设面临的困境与实行的策略。

（2）从压力维度韧性来看，要定期进行洪涝灾害风险评估，合理开发利用土地，进一步推进"海绵城市"、气候适应型城市建设；从状态维度韧性来看，要多元化发展增强经济韧性，增强社会凝聚力与包容性，持续改善城市基础设施建设，做好城市绿地与缓冲区规划；从响应维度韧性来看，要做好洪涝灾害的监测预警，深化灾害应急管理，做好政府财政和商业保险并驾齐驱，为民众普及韧性理念和救灾方法；从综合优化策略来看，要提升政府应急管理能力，增加社会资本投入，协调多元主体的利益，充分考虑时空演化策略。

（3）从不同区域来看，东部地区城市的压力韧性较大，工程韧性建设不足，应着重提升基础设施对气候变化、极端天气事件的适应性；中部地区城市的发展较为均衡，提升经济韧性和工程韧性是关键，应加快转型升级，促进绿色发展，补齐中小城市的短板；西部地区城市的发展较慢，提升经济韧性和社会韧性是关键，应加快各类要素的合理流动和集聚，推动经济高质量发展，加强社会基本公共服务均等化与居民收入提升等社会韧性建设。

（4）根据多重组态路径结果，本章提出了城市洪涝灾害韧性建设的保障机制：在技术保障方面，要加强灾害监测预警技术，打造数据共享网络平台；在组织保障方面，要从监督机制、考核机制、法律法规等方面着手提升组织内驱力；在环境保障方面，要鼓励公民参与，重视韧性社区建设。

第8章 结论与展望

在人类活动的影响下，气候风险不断加剧，城市洪涝灾害频发，有效推进了城市复合生态系统、洪涝灾害治理、韧性建设等理念的深度融合，这对提升城市洪涝灾害韧性意义重大。本章总结归纳了前文的研究内容，得出了主要研究结论，并指出了进一步的研究方向。

8.1 研究结论

首先，本书将城市韧性理念融入城市洪涝灾害治理范式，对城市洪涝灾害韧性进行了概念界定、多维阐释和特征分析，从灾害演化过程视角和城市复合生态系统视角分析了城市洪涝灾害韧性的作用机制，并采用系统综述法筛选出了影响因素，按照一定的原则，构建了包含压力、状态、响应三个维度，经济、社会、生态、工程四个城市系统，共30个指标的评估体系；其次，本书以我国284个地级市为研究对象，采用极差最大化组合赋权优化模型评估它们2011~2020年的洪涝灾害韧性水平，多方法多角度深入分析了其时空特征和动态演进情况；最后，本书从组态角度出发，基于TOE理论，运用fsQCA方法，探索了提升城市洪涝灾害韧性的多重组态路径。本书得出的研究结论如下：

（1）城市韧性理念与城市洪涝灾害治理具有高度契合性。本书将城市韧性理念嵌入洪涝灾害治理范式进行灾害的预防和管理，对城市洪涝灾害韧性进行了概念界定、多维阐释和特征分析，从灾害演化过程和城市复合生态系统的融合视角出发分析了城市洪涝灾害韧性的作用机制，为探究我国城市洪涝灾害韧性的发展水平、时空演化特征奠定了理论基础。

（2）我国城市洪涝灾害韧性区域间差异较大且发展不均衡，存在"高水平垄断"和"低水平陷阱"的现象。

从时间维度来看，我国城市洪涝灾害韧性水平在逐步提升，压力韧性发展较为平稳，状态韧性波动较大且有所降低，响应韧性提升较为明显。整体韧性水平按"东—中—西"的梯度递减和"超大—特大—大—中等—小"的规模递减，超大城市或省会城市多为高韧性城市，中西部地区多为低韧性城市。从空间分布来看，我国东部沿海地区出现了中高韧性城市带，中部地区省会高韧性城市辐射带动了周边城市韧性的提升，西北部和东北部城市的韧性水平分布更加差异化；压力韧性空间分布较为均匀，状态韧性总体上呈中东部地区高、东北及西北地区低的分布态势，响应韧性整体呈东部和西部地区高、中部地区低的分布态势。

在动态演化特征方面，各城市的韧性水平具备空间依赖性，表现出显著的空间集聚态势；局部时空格局动态变迁路径差异显著，在空间结构和空间依赖方向上稳定性较强，呈现协同增长与空间竞争并存的局面；随着时间的推移，城市的韧性等级流动性逐渐提升，实现跨越式增长的概率增大，而相邻城市之间的辐射作用有限，仍需依靠自身的技术创新和管理创新，才能跳出"低水平陷阱"。

（3）TOE 要素协同驱动城市洪涝灾害韧性发展存在多条提升路径。技术条件（风险监测能力、风险预警能力）、组织条件（财政资源供给、政策重视程度）、环境条件（洪涝灾害风险、公众参与程度）都不能单独成为城市洪涝灾害韧性提升的必要条件，但洪涝灾害风险是造成低城市洪涝灾害韧性的"瓶颈"。从整体效应分析来看，高城市洪涝灾害韧性的背后是多因素的相互结合，共存在三条组态路径，其中，在"技术驱动政策支持型"主导下，风险监测能力、风险预警能力、政策重视程度为核心存在条件，洪涝灾害风险为核心缺乏条件；在"低风险技术驱动型"主导下，风险监测能力、风险预警能力、洪涝灾害风险为核心存在条件，政策重视程度为边缘条件，财政资源供给为核心缺乏条件；在"政策支持公众参与型"主导下，政策重视程度、公众参与程度为核心存在条件，风险预警能力、政策清晰度为边缘条件，财政资源供给、洪涝灾害风险为核心缺乏条件。低城市洪涝灾害韧性水平的组态路径可归纳为"技术+环境"主导下的低韧性模式和"组织+环境"主导下的低韧性模式。

8.2　局限与展望

本书将城市洪涝灾害治理与城市韧性建设相结合，围绕城市洪涝灾害韧性水平的评估与提升问题，紧扣关键环节，对其概念内涵、作用机制、评估方法、时空特征、动态演进及组态路径进行了较为系统且深入的研究，对促进韧性理念在城市洪涝灾害中的应用与深化具有指导意义。考虑到城市系统的复杂性，洪涝灾害的不确定性，城市灾害韧性研究涉及的领域较多，在城市洪涝灾害韧性的研究领域还有许多问题值得探索，未来可从以下几个方面开展研究：

（1）本书构建的城市洪涝灾害韧性评估指标体系仅考虑了内部指标之间的因果逻辑，没有引入其他外部变量。本书中研究对象的评估维度有待补充和完善，如在城市灾害韧性建设中可以考虑文化韧性维度，并展开进一步探索。在组态变量的选择上，本书只是分析了技术条件（风险监测能力、风险预警能力）、组织条件（财政资源供给、政策重视程度）、环境条件（洪涝灾害风险、公众参与程度）对城市洪涝灾害韧性的组态效应，可能存在疏漏，未来可进一步丰富组态分析模型，完善理论基础。

（2）本书研究的时间跨度仅为 10 年，未来可以扩展到更长年份，以突出城市洪涝灾害韧性在不同时间阶段的变化。同时，灾害韧性建设是一个动态发展的过程，本书采用截面数据进行组态路径研究，难以全面解释前因及其形成过程，后续可以采用多时段动态 fsQCA 法分析截面的动态变化。

（3）本书提出的城市洪涝灾害韧性优化策略和保障机制多是从政府角度

出发的。现实中，城市洪涝灾害韧性的提升需要"政府主导、企业助力、市民参与"的多方合作。因此，未来研究可以从洪涝灾害的社会承灾体切入，分析其在灾害全过程中的沟通、联系、合作与冲突，构建社会网络模型或多智能体仿真模型，模拟其互动演化过程，从城市洪涝灾害韧性的主要利益相关者出发，如从政府、居民、企业、志愿者等角度提出相应的对策建议。

参考文献

［1］ Abrash W A, Marr J, Cahillane M J, et al. Building Community Resilience to Disasters: A Review of Interventions to Improve and Measure Public Health Outcomes in the Northeastern United States ［J］. Sustainability, 2021, 13 (21):123-153.

［2］ Adam R. Defining and Measuring Economic Resilience from a Societal, Environmental and Security Perspective ［M］. Berlin: Springer, 2017.

［3］ Adikari Y, Noro T. A Global Outlook of Sediment-Related Disasters in the Context of Water-Related Disasters ［J］. International Journal of Erosion Control Engineering, 2010, 3 (1): 110-116.

［4］ Aldrich D P. Building Resilience: Social Capital in Post-Disaster Recovery ［M］. Chicago: University of Chicago Press, 2012.

［5］ Andreas B, Dilani R D, Hocine O. Spatial Modeling of Tangible and Intangible Losses in Integrated Coastal Flood Risk Analysis ［J］. Coastal Engineering Journal, 2015, 57 (1): 1-31.

［6］ Anna B, Ashvin D, Cristina R D R. From Practice to Theory: Emerging Lessons from Asia for Building Urban Climate Change Resilience ［J］. Environment and Urbanization, 2012, 24 (2): 531-556.

［7］ Ansong E, Boateng R. Organisational Adoption of Telecommuting: Evidence from A Developing Country ［J］. The Electronic Journal of Information Systems in Developing Countries, 2018, 84 (1): No. 12008.

［8］ Asari A R, Qiuhua L, Richard J D, et al. Calibrating a High-Performance Hydrodynamic Model for Broad-Scale Flood Simulation: Application to Thames Estuary, London, UK ［J］. Procedia Engineering, 2016, 154: 967-974.

［9］ Attila T, Stacy R, Femke R. Resilient Food Systems: A Qualitative Tool for Measuring Food Resilience ［J］. Urban Ecosystems, 2016, 19: 19-43.

［10］ Bates B C, Kundzewicz Z W, Wu S, et al. Climate Change and Water ［M］. Technical Paper of the Intergovernmental Panel on Climate Change, Geneva: IPCC Secretariat, 2008.

［11］ Bautista-Puig N, Benayas J, Mañana-Rodríguez J, et al. The Role of Urban Resilience in Research and Its Contribution to Sustainability ［J］. Cities, 2022, 126: No. 103715.

［12］ Bijan K, Johannes A, Christopher G B. Resilience Performance Scorecard: Measuring Urban Disaster Resilience at Multiple Levels of Geography with Case Study Application to Lalitpur, Nepal ［J］. International Journal of Disaster Risk Reduction, 2018, 31: 604-616.

［13］ Birgani Y T, Yazdandoost F. An Integrated Framework to Evaluate Resilient-Sustainable Urban Drainage Management Plans Using a Combined-Adaptive MCDM Technique ［J］. Water Resources Management, 2018, 32 (8): 2817-2835.

［14］ Birkmann J, Cardona O, Carreño M, et al. Framing Vulnerability, Risk and Societal Responses: The MOVE Framework ［J］. Natural Hazards, 2013, 67 (2):193-211.

［15］ Boogaard F C, Vojinovic Z, Chen Y C, et al. High Resolution Decision Maps for Urban Planning: A Combined Analysis of Urban Flooding and Thermal Stress Potential in Asia and Europe ［J］. MATEC Web of Conferences, 2017, 103: 1-9.

［16］ Britta R, Johan W, Margo V D B. A Strategy-Based Framework for Assessing the Flood Resilience of Cities-A Hamburg Case Study ［J］. Planning Theory and Practice, 2015, 16 (1): 45-62.

［17］ Brown C, Shaker R R, Das R. A Review of Approaches for Monitoring and

Evaluation of Urban Climate Resilience Initiatives ［J］. Environment, Development and Sustainability, 2018, 20 (1): 23-40.

［18］ Bruyelle J L, O'Neill C, El-Koursi E M, et al. Improving the Resilience of Metro Vehicle and Passengers for An Effective Emergency Response to Terrorist Attacks ［J］. Safety Science, 2014, 62: 37-45.

［19］ Burton L, Kates R W, White G F. The Environment as Hazard ［M］. Oxford: Oxford University Press, 1993.

［20］ Cai J, Kummu M, Niva V, et al. Exposure and Resilience of China's Cities to Floods and Droughts: A Double-Edged Sword ［J］. International Journal of Water Resources Development, 2018, 34 (4): 547-565.

［21］ Camilo R E, Sidgley C D A, Narumi A, et al. Geo-Social Media as a Proxy for Hydrometeorological Data for Streamflow Estimation and to Improve Flood Monitoring ［J］. Computers and Geosciences, 2018, 111: 148-158.

［22］ Campbell P, Moroni M, Webb D. A Review of Monitoring and Evaluation in Support of Orphans and Vulnerable Children in East and Southern Africa ［J］. Vulnerable Children and Youth Studies, 2008, 3 (3): 159-173.

［23］ Choi T M, Lambert J H. Advances in Risk Analysis with Big Data ［J］. Risk Analysis: An Official Publication of the Society for Risk Analysis, 2017, 37 (8): 1435-1442.

［24］ Christopher G B. A Validation of Metrics for Community Resilience to Natural Hazards and Disasters Using the Recovery from Hurricane Katrina as a Case Study ［J］. Annals of the Association of American Geographers, 2015, 105 (1): 67-86.

［25］ Christopher W Z. Representing Perceived Tradeoffs in Defining Disaster Resilience ［J］. Decision Support Systems, 2011, 50 (2): 394-403.

［26］ Cimellaro P G, Tinebra A, Renschler C, et al. New Resilience Index for Urban Water Distribution Networks ［J］. Journal of Structural Engineering, 2016, 142 (8): 1-9.

［27］ Claudia P W, Gert B, Christian K, et al. How Multilevel Societal Learning Processes Facilitate Transformative Change: A Comparative Case Study Analysis on Flood Management [J]. Ecology and Society, 2013, 18 (4): 58-85.

[28] Conrad W, Ashish S, Seth W. Reduced Spatial Extent of Extreme Storms at Higher Temperatures [J]. Geophysical Research Letters, 2016, 43: 4026-4032.

[29] Cutter S L, Burton C G, Emrich C T. Disaster Resilience Indicators for Benchmarking Baseline Conditions [J]. Journal of Homeland Security and Emergency Management, 2010, 7 (1): 1-9.

[30] Dabson B, Heflin C M, Miller K K. Regional Resilience Research and Policy Brief [Z]. Rural Policy Research Institure, 2012.

[31] Daniela R R, Usman T K, Costas A. Flood Risk Mapping Using GIS and Multi-Criteria Analysis: A Greater Toronto Area Case Study [J]. Geosciences, 2018, 8 (8): 275.

[32] Dan S, Paul K, Greg O, et al. Public Relief and Insurance for Residential Flood Losses in Canada: Current Status and Commentary [J]. Canadian Water Resources Journal/Revue Canadienne des Resources Hydriques, 2016, 41 (2): 220-237.

[33] David R G. Urban Hazard Mitigation: Creating Resilient Cities [J]. Natural Hazards Review, 2003, 4 (3): 136-143.

[34] De Albuquerque J P, Herfort B, Brenning A, et al. A Geographic Approach for Combining Social Media and Authoritative Data Towards Identifying Useful Information for Disaster Management [J]. International Journal of Geographical Information Science, 2015, 29 (4): 667-689.

[35] Do T C, Animesh K G, Nguyen V D, et al. Multi-Variate Analyses of Flood Loss in Can Tho City, Mekong Delta [J]. Water, 2015, 8 (1): 6-10.

[36] Drennan L T, Mcconnell A, Stark A. Risk and Crisis Management in the Public Sector [M]. London: Routledge, 2007.

[37] Eugene W. Disaster Response and Recovery: Strategies and Tactics for Resilience [J]. Occupational Medicine, 2015, 65 (7): 550-551.

［38］Furkan K, Joachim H. Application and Improvement of the TRRL (Transport and Road Research Laboratory) High－Speed Laser Profilometer Algorithm with Sensor Fusion ［J］. IFAC－Papers Online, 2016, 49 (15): 260－265.

［39］Gabrielsen P, Bosch P. Environmental Indicators: Typology and Use in Reporting ［R］. Copenhagen: EEA, 2003.

［40］Gaillard J C, Vicky W, Megan R, et al. Persistent Precarity and the Disaster of Everyday Life: Homeless People's Experiences of Natural and Other Hazards ［J］. International Journal of Disaster Risk Science, 2019, 10 (3): 332－342.

［41］Genevieve F J. Taking Stock: The Normative Foundations of Positivist and Non－Positivist Policy Analysis and Ethical Implications of the Emergent Risk Society ［J］. Journal of Comparative Policy Analysis: Research and Practice, 2005, 7 (2): 137－153.

［42］Geng Y, Zheng X, Wang Z, et al. Flood Risk Assessment in Quzhou City (China) Using a Coupled Hydrodynamic Model and Fuzzy Comprehensive Evaluation (FCE) ［J］. Natural Hazards, 2020, 100: 133－149.

［43］Hammond M, Chen A S, Batica J, et al. A New Flood Risk Assessment Framework for Evaluating the Effectiveness of Policies to Improve Urban Flood Resilience ［J］. Urban Water Journal, 2018, 15 (5): 427－436.

［44］Helen J B. Disaster Resilience in A Flood－Impacted Rural Australian Town ［J］. Natural Hazards, 2014, 71: 683－701.

［45］Heng C, Nina S N L, Lei Z, et al. Assessing Community Resilience to Coastal Hazards in the Lower Mississippi River Basin ［J］. Water, 2016, 8 (2): 46.

［46］Holdgate M W. A Perspective of Environmental Pollution ［M］. Cambridge: Cambridge University Press, 1979.

［47］Huang X J, Huang X, He Y B, et al. Assessment of Livelihood Vulnerability of Land－Lost Farmers in Urban Fringes: A Case Study of Xi'an, China ［J］. Habitat International, 2017, 59: 1－9.

［48］ISDR Hyogo Framework for Action 2005－2015: Building the Resilience of Nations and Communities to Disasters [C]. United Nations: Extract from the Final Report of the World Conference on Disaster Reduction (A/CONF 206/6), 2005.

[49] Jacinto R, Reis E, Ferrão J. Indicators for the Assessment of Social Resilience in Flood-Affected Communities—A Text Mining-Based Methodology [J]. Science of The Total Environment, 2020, 744: No. 140973.

[50] James S, Ron M. The Economic Resilience of Regions: Towards an Evolutionary Approach [J]. Cambridge Journal of Regions, Economy and Society, 2010, 3 (1): 27-43.

[51] Jha A K, Bloch B, Lamond J. Cities and Flooding: A Guide to Integrated Urban Flood Risk Management for the 21st Century [R]. Washington: The World Bank, 2012: 885-887.

[52] Jha A K, Miner T W, Stanton G Z. Building Urban Resilience: Principles, Tools, and Practice [M]. Washington: The World Bank, 2013.

[53] Jing R, Zorica N. Integrating Flood Risk Management and Spatial Planning: Legislation, Policy, and Development Practice [J]. Journal of Urban Planning and Development, 2017, 143 (3): 11-19.

[54] Jooho K, Abhijeet D, Makarand H. A Framework for Assessing the Resilience of a Disaster Debris Management System [J]. International Journal of Disaster Risk Reduction, 2018, 28 (1): 674-687.

[55] Juan A R G. Managing within Networks: Adding Value to Public Organizations [J]. Revista Española de Ciencia Política, 2013, 18 (1): 469-471.

[56] Kai S, Stefan L, Richard R, et al. Flood Loss Estimation Using 3D City Models and Remote Sensing Data [J]. Environmental Modelling and Software, 2018, 105: 118-131.

[57] Kathleen T. Disaster Governance: Social, Political, and Economic Dimensions [J]. Annual Review of Environment and Resources, 2012, 37: 341-363.

[58] Kim H M, Woo J, Lee J C. What Is the Relationship between Alliance and Militarized Conflict? Analysis of Reciprocal Causation [J]. Armed Forces and

Society, 2019, 46 (4): 144-157.

[59] Kuei-Hsien L, Tuan A L, Kien V N. Urban Design Principles for Flood Resilience: Learning from the Ecological Wisdom of Living with Floods in the Vietnamese Mekong Delta [J]. Landscape and Urban Planning, 2016, 155: 69-78.

[60] Lam N S N, Reams M, Li K, et al. Measuring Community Resilience to Coastal Hazards along the Northern Gulf of Mexico [J]. Natural Hazards Review, 2016, 17 (1): 194-204.

[61] Lhomme S, Serre D, Diab Y, et al. Analyzing Resilience of Urban Networks: A Preliminary Step Towards More Flood Resilient Cities [J]. Natural Hazards and Earth System Science, 2013, 13 (2): 221-230.

[62] Li N, Liu W, Zhao J. Behavioral Analysis and Dynamic Simulation of the Debris Flow That Occurred in Ganluo County (Sichuan, China) on 30 August 2020 [J]. Journal of Mountain Science, 2022 (6): 1495-1508.

[63] Lino B, Gordon C, Nadia F, et al. Economic Vulnerability and Resilience: Concepts and Measurements [J]. Oxford Development Studies, 2009, 37 (3): 229-247.

[64] Luo Y, Chen X, Yao L. Flood Disaster Resilience Evaluation of Chinese Regions: Integrating the Hesitant Fuzzy Linguistic Term Sets with Prospect Theory [J]. Natural Hazards, 2021, 105 (1): 667-690.

[65] Li F, Liu H X, Huisingh D, et al. Shifting to Healthier Cities with Improved Urban Ecological Infrastructure: From the Perspectives of Planning, Implementation, Governance, and Engineering [J]. Journal of Cleaner Production, 2017, 163: S1-S11.

[66] Li X L, Lam N, Qiang Y, et al. Measuring County Resilience after the 2008 Wenchuan Earthquake [J]. International Journal of Disaster Risk Science, 2016, 7: 393-412.

[67] Marc S. Measuring Adaptive Capacity of Urban Wastewater Infrastructure-Change Impact and Change Propagation [J]. Science of the Total Environment, 2017 (1): 571-579.

［68］ María B，Andreas P Z. Sensitivity of Flood Loss Estimates to Building Representation and Flow Depth Attribution Methods in Micro-Scale Flood Modelling ［J］. Natural Hazards，2018，92（3）：1633-1648.

［69］ Marina A，John M M，Eric S，et al. Integrating Humans into Ecology：Opportunities and Challenges for Studying Urban Ecosystems ［J］. BioScience，2003，53（12）：1169-1179.

［70］ Marjolein S，Bas W. Building up Resilience in Cities Worldwide-Rotterdam as Participant in the 100 Resilient Cities Programme ［J］. Cities，2017，61：109-116.

［71］ Mark E K. Building Human Resilience ［J］. American Journal of Preventive Medicine，2008，35（5）：508-516.

［72］ Mark A. Flood Risk Management in Europe：The EU 'Floods' Directive and A Case Study of Ireland ［J］. International Journal of River Basin Management，2018，16（3）：261-272.

［73］ Mark O，Jorgensen C，Hammond M，et al. A New Methodology for Modelling of Health Risk from Urban Flooding Exemplified by Cholera-Case Dhaka，Bangladesh ［J］. Journal of Flood Risk Management，2018，11（S1）：S28-S42.

［74］ Mathieu M，Bérangère B，Emmanuel V. French National Policy for Flood Risk Management ［J］. La Houille Blanche，2017，103（4）：9-12.

［75］ Matthew L K，Rebecca E R. A Community-Led Medical Response Effort in the Wake of Hurricane Sandy ［J］. Disaster Medicine and Public Health Preparedness，2015，9（4）：354-358.

［76］ Meerow S，Newell J P，Stults M. 城市韧性的定义评述 ［J］. 城市规划学刊，2016（3）：125-126.

［77］ Meier P. Human Computation for Disaster Response ［M］//Pietro M. Handbook of Human Computation. New York：Springer，2013.

［78］ Melissa P，Sonya G，Peter H，et al. Top-Down Assessment of Disaster Resilience：A Conceptual Framework Using Coping and Adaptive Capacities ［J］. International Journal of Disaster Risk Reduction，2016，19：1-11.

［79］ Meriläinen E. The Dual Discourse of Urban Resilience： Robust City and Self-Organised Neighbourhoods ［J］. Disasters, 2020, 44（1）： 125-151.

［80］ Metaxas T, Psarropoulou S. Sustainable Development and Resilience： A Combined Analysis of the Cities of Rotterdam and Thessaloniki ［J］. Urban Science, 2021, 5（4）： 78-92.

［81］ Michel B, Andrei R. Exploring the Concept of Seismic Resilience for Acute Care Facilities ［J］. Earthquake Spectra, 2007, 23（1）： 41-62.

［82］ Michel B, Stephanie E C, Ronald T E, et al. A Framework to Quantitatively Assess and Enhance the Seismic Resilience of Communities ［J］. Earthquake Spectra, 2003, 19（4）： 733-752.

［83］ Miguez M G, Verl A P. A Catchment Scale Integrated Flood Resilience Index to Support Decision Making in Urban Flood Control Design ［J］. Environment and Planning B： Urban Analytics and City Science, 2017, 44（5）： 925-946.

［84］ Ming Z, Kairong L, Guoping T, et al. A Framework to Evaluate Community Resilience to Urban Floods： A Case Study in Three Communities ［J］. Sustainability, 2020, 12（4）： 15-21.

［85］ Munpa P, Kittipongvises S, Phetrak A, et al. Climatic and Hydrological Factors Affecting the Assessment of Flood Hazards and Resilience Using Modified UNDRR Indicators： Ayutthaya, Thailand ［J］. Water, 2022, 14（10）： No. 14101603.

［86］ Narayan S, Hanson S, Nicholls R J, et al. A Holistic Model for Coastal Flooding Using System Diagrams and the Source-Pathway-Receptor（SPR）Concept ［J］. Natural Hazards and Earth System Science, 2012, 12（5）： 1431-1439.

［87］ Ng F Y, Wilson L A, Veitch C. Climate Adversity and Resilience： The Voice of Rural Australia ［J］. Rural and Remote Health, 2015, 15（4）：No. 3071.

［88］ Norris F H, Stevens S P, Pfefferbaum B, et al. Community Resilience as A Metaphor, Theory, Set of Capacities, and Strategy for Disaster Readiness ［J］. American Journal of Community Psychology, 2008, 41（1-2）： 127-150.

［89］ Nuha E, Charles E, Virginia M. Building Urban Resilience for Disaster Risk Management and Disaster Risk Reduction ［J］. Procedia Engineering, 2018,

212：575-582.

［90］Partridge M, Chung S, Wertz S S. Lessons from the 2020 Covid Recession for Understanding Regional Resilience ［J］. Journal of Regional Science, 2022, 62（4）：1006-1031.

［91］Patric K, Christine S, Annegret H T. Large－Scale Application of the Flood Damage Model Railway Infrastructure Loss（RAIL）［J］. Natural Hazards and Earth System Sciences, 2016, 16（11）：2357-2371.

［92］Patrick B, Mirko S W, Chinwe I S. Flood Governance for Resilience in Cities：The Historical Policy Transformations in Dakar's Suburbs ［J］. Environmental Science and Policy, 2019, 93：172-180.

［93］Prerna J, Hans J P, Simon W, et al. Process Resilience Analysis Framework（PRAF）：A Systems Approach for Improved Risk and Safety Management ［J］. Journal of Loss Prevention in the Process Industries, 2018, 53：61-73.

［94］Raffaele D R, Fatemeh J, Francesco D P, et al. Delineation of Flooding Risk Hotspots Based on Digital Elevation Model, Calculated and Historical Flooding Extents：The Case of Ouagadougou ［J］. Stochastic Environmental Research and Risk Assessment, 2018, 32（6）：1545-1559.

［95］Rana I A, Routray J K. Integrated Methodology for Flood Risk Assessment and Application in Urban Communities of Pakistan ［J］. Natural Hazards, 2018, 91（1）：239-266.

［96］Resilience Alliance. Urban Resilience Research Prospectus ［EB/OL］.（2018-12-30）［2024-07-26］. http：//www. resalliance. org/index. php/urban_resilience. html.

［97］Reza A, Alexandra V M, Laura M, et al. On the Definition of Cyber－Physical Resilience in Power Systems ［J］. Renewable and Sustainable Energy Reviews, 2016, 58：1060-1069.

［98］Rhoda M D, Patrick B C, Prince A A. Contextualising Urban Resilience in Ghana：Local Perspectives and Experiences ［J］. Geoforum, 2018, 94：12-23.

［99］Robert G. The Climate Change Imperative to Transform Disaster Risk Management [J]. International Journal of Disaster Risk Science, 2020 (2): 152-154.

[100] Rockefeller Foundation. City Resilience Index [EB/OL]. (2020-06-13) [2024-07-26]. http: //www. cityresi-lienceindex. com/.

[101] Ronald D, Donald K, Howard K, et al. On Risk and Disaster: Lessons from Hurricane Katrina [M]. Pennsylvania: University of Pennsylvania Press, 2006.

[102] Rose A. Economic Resilience to Disasters: Toward a Consistent and Comprehensive Formulation [J]. Disaster Resilience: An Integrated Approach, 2006 (1): 226-248.

[103] Saja A M A, Goonetilleke A, Teo M, et al. A Critical Review of Social Resilience Assessment Frameworks in Disaster Management [J]. International Journal of Disaster Risk Reduction, 2019, 35: No. 101096.

[104] Santos M, Fragoso M, Santos J A. Damaging Flood Severity Assessment in Northern Portugal Over More Than 150 years (1865-2016) [J]. Natural Hazards, 2018, 91 (1): 1-20.

[105] Sara M, Joshua P N, Melissa S. Defining Urban Resilience: A Review [J]. Landscape and Urban Planning, 2016, 147: 38-49.

[106] Schreiber E S G, Bearlin A, Nicol S, et al. Adaptive Management: A Synthesis of Current Understanding and Effective Application [J]. Ecological Management and Restoration, 2004, 5 (3): 177-182.

[107] Segnestam L. Culture and Capacity: Drought and Gender Differentiated Vulnerability of Rural Poor in Nicaragua, 1970 - 2010 [D]. Stockholm: Acta Universitatis Stockholmiensis, 2014.

[108] Shao W, Feng K, Lin N. Predicting Support for Flood Mitigation Based on Flood Insurance Purchase Behavior [J]. Environmental Research Letters, 2019, 14 (5): 1-14.

[109] Shiyao Z, Dezhi L, Haibo F, et al. The Influencing Factors and Mechanisms for Urban Flood Resilience in China: From the Perspective of Social-Economic-Natural Complex Ecosystem [J]. Ecological Indicators, 2023, 147: No. 109959.

[110] Stephen G, William D E. Governing by Network: The New Shape of the Public Sector [M]. Washington: Brookings Institution Press, 2004.

[111] Suryani N, Ichiki A, Shimizu T, et al. Investigation of the Water Supply System and Water Usage in Urban Kampung of Bandung City, Indonesia [J]. Journal of Water and Environment Technology, 2019, 17 (6): 375-385.

[112] Susan L C, Lindsey B, Melissa B, et al. A Place-Based Model for Understanding Community Resilience to Natural Disasters [J]. Global Environmental Change, 2008, 18 (4): 598-606.

[113] Tierney K. The Social Roots of Risk: Producing Disasters, Promoting Resilience [M]. Stanford: Stanford University Press, 2014.

[114] Tompkins E L, Adger W N. Does Adaptive Management of Natural Resources Enhance Resilience to Climate Change? [J]. Ecology and Society, 2004, 9 (2): 1-14.

[115] Tornatzky L G, Fleischer M, Chakrabarti A K. Processes of Technological Innovation [M]. Lexington: Lexington Books, 1990.

[116] UNISDR. Sendai Framework for Disaster Risk Reduction 2015 - 2030 [C]. Sendai: 3rd United Nations World Conference on DRR, 2015.

[117] UN-Habitat. An Urbanizing World: Global Report on Human Settlements [M]. Oxford: Oxford University Press, 1996.

[118] Walker R H. Engineering Gentrification: Urban Redevelopment, Sustainability Policy, and Green Storm Water Infrastructure in Minneapolis [J]. Journal of Environmental Policy and Planning, 2021, 23 (5): 646-664.

[119] Wang Y, Zhang H, Zhang C, et al. Is Ecological Protection and Restoration of Full-Array Ecosystems Conducive to the Carbon Balance? A Case Study of Hubei Province, China [J]. Technological Forecasting and Social Change, 2021, 166: No. 120578.

[120] Wenjie H, Mengzhi L. System Resilience Assessment Method of Urban Lifeline System for GIS [J]. Computers, Environment and Urban Systems, 2018, 71: 67-80.

［121］Wens M，Johnson J M，Zagaria C，et al. Integrating Human Behavior Dynamics into Drought Risk Assessment—A Sociohydrologic，Agent-Based Approach ［J］. Wiley Interdisciplinary Reviews：Water，2019，6（4）：119-127.

［122］Xu G，Wang J，Huang G Q，et al. Data-Driven Resilient Fleet Management for Cloud Asset-Enabled Urban Flood Control ［J］. IEEE Transactions on Intelligent Transportation Systems，2018，19（6）：1827-1838.

［123］Yan C G，Zhang W C. Effects of Model Segmentation Approach on the Performance and Parameters of the Hydrological Simulation Program - Fortran （HSPF）Models ［J］. Hydrology Research，2014，45（6）：893-907.

［124］Zulkarnain S H，Muhammad Y M A，Razali M N，et al. Flood Hazard Information Map Using Geographical Information System（GIS）for Residential Community Resilience ［J］. Environment-Behaviour Proceedings Journal，2019，4（10）：1-9.

［125］蔡庆拟，陈志和，陈星，等. 低影响开发措施的城市雨洪控制效果模拟 ［J］. 水资源保护，2017，33（2）：31-36.

［126］陈长坤，陈以琴，施波，等. 雨洪灾害情境下城市韧性评估模型 ［J］. 中国安全科学学报，2018，28（4）：1-6.

［127］陈丹羽. 基于压力-状态-响应模型的城市韧性评估——以湖北省黄石市为例 ［D］. 武汉：华中科技大学，2019.

［128］陈利，朱喜钢，孙洁. 韧性城市的基本理念、作用机制及规划愿景 ［J］. 现代城市研究，2017（9）：18-24.

［129］陈鹏，张继权，孙滢悦，等. 暴雨内涝灾害模拟研究 ［J］. 科技导报，2017，35（21）：89-94.

［130］陈文玲，原珂. 基于社区应急救援视角下的共同体意识重塑与弹性社区培育——以 F 市 C 社区为例 ［J］. 管理评论，2016，28（8）：215-224.

［131］陈晓红，娄金男，王颖. 哈长城市群城市韧性的时空格局演变及动态模拟研究 ［J］. 地理科学，2020，40（12）：2000-2009.

［132］陈轶，陈睿山，葛怡，等. 南京城市住区居民洪涝脆弱性特征及影响因素研究 ［J］. 灾害学，2019，34（1）：56-61.

［133］陈宇，闫倩倩. "中国式"政策试点结果差异的影响因素研究——

基于 30 个案例的多值定性比较分析 [J]. 北京社会科学，2019（6）：42-52.

[134] 程涛，徐宗学，洪思扬，等. 城市洪涝模拟中无人机摄影测量技术应用进展 [J]. 水力发电学报，2019，38（4）：1-10.

[135] 戴慎志，曹凯. 我国城市防洪排涝对策研究 [J]. 现代城市研究，2012，27（1）：21-22+28.

[136] 戴伟，孙一民，韩·迈尔，等. 气候变化下的三角洲城市韧性规划研究 [J]. 城市规划，2017，41（12）：26-34.

[137] 邓金运，刘聪聪，高浩然，等. 排水体系建设对城市洪涝灾害的影响 [J]. 长江科学院院报，2020，37（3）：51-56+69.

[138] 董昌其，刘纪达，赵泽斌. TOE 框架下消防安全监管能力组态路径分析 [J]. 中国安全科学学报，2023，33（3）：153-160.

[139] 董磊华，熊立华，于坤霞，等. 气候变化与人类活动对水文影响的研究进展 [J]. 水科学进展，2012，23（2）：278-285.

[140] 杜运周，贾良定. 组态视角与定性比较分析（QCA）：管理学研究的一条新道路 [J]. 管理世界，2017（6）：155-167.

[141] 杜运周，刘秋辰，程建青. 什么样的营商环境生态产生城市高创业活跃度？——基于制度组态的分析 [J]. 管理世界，2020，36（9）：141-155.

[142] 樊博，贺春华，白晋宇. 突发公共事件背景下的数字治理平台因何失灵："技术应用-韧性赋能"的分析框架 [J]. 公共管理学报，2023，20（2）：140-150+175.

[143] 范玲，闫绪娴，王俊丽，等. 韧性城市建设的国际经验、中国困境与应对策略 [J]. 城市问题，2022（6）：95-103.

[144] 方东平，李在上，李楠，等. 城市韧性——基于"三度空间下系统的系统"的思考 [J]. 土木工程学报，2017，50（7）：1-7.

[145] 方伟华，王静爱，史培军，等. 综合风险防范数据库、风险地图与网络平台 [M]. 北京：科学出版社，2011.

[146] 房亚明. 论地方政府在突发公共事件治理中的作用机制 [J]. 探求，2006（4）：26-29.

[147] 费茉莉，刘苇航，王席，等. 城市暴雨内涝模拟模型优化与精度验

证［J］. 地球信息科学学报，2017，19（7）：895-900.

［148］冯洁瑶，刘耀龙，王军，等.经济发展水平、环境压力对城市韧性的影响——基于山西省 11 个地级市面板数据［J］. 生态经济，2020，36（9）：101-106+163.

［149］高小平.讲好应急管理的科学故事——《应急管理十二讲》读后［J］. 中国行政管理，2020（12）：149-150.

［150］高辉，袁媛，洪洁莉，等.2016 年汛期气候预测效果评述及主要先兆信号与应用［J］. 气象，2017，43（4）：486-494.

［151］郝锐.城乡生态环境一体化：水平评价与实现路径［D］. 西安：西北大学，2019.

［152］郝文强，孟雪.应急情境下政府开放数据质量的影响因素与组态分析——基于新冠疫情期间省级数据的实证研究［J］. 情报杂志，2021，40（11）：121-128.

［153］何珮婷，刘丹媛，卢思言，等.基于最大熵模型的深圳市内涝影响因素分析及内涝风险评估［J］. 地理科学进展，2022，41（10）：1868-1881.

［154］贺山峰，梁爽，吴绍洪，等.长三角地区城市洪涝灾害韧性时空演变及其关联性分析［J］. 长江流域资源与环境，2022，31（9）：1988-1999.

［155］贺帅，杨赛霓，汪伟平，等.中国自然灾害社会脆弱性时空格局演化研究［J］. 北京师范大学学报（自然科学版），2015，51（3）：299-305.

［156］洪俊杰，王闲乐.以"硬资源""软支撑"应对"黑天鹅""灰犀牛"［N］. 解放日报，2023-01-11（007）.

［157］侯改娟.绿色建筑与小区低影响开发雨水系统模型研究［D］. 重庆：重庆大学，2014.

［158］胡文燕，李梦雅，王军，等.暴雨内涝影响下的城市道路交通拥挤特征识别［J］. 地理科学进展，2018，37（6）：772-780.

［159］胡忠君.城市洪涝灾害应急物资调度与运输优化研究［D］. 沈阳：沈阳工业大学，2018.

［160］黄梦涵，张卫国.中国四类资源型城市韧性水平比较与发展策略［J］. 经济地理，2023，43（1）：34-43.

[161] 黄晨，谭显春，郭建新，等.气候适应治理的国际比较研究与战略启示 [J]. 科研管理，2021，42（2）：20-29.

[162] 黄国如，罗海婉，陈文杰，等.广州东濠涌流域城市洪涝灾害情景模拟与风险评估 [J]. 水科学进展，2019，30（5）：643-652.

[163] 黄国如，罗海婉，卢鑫祥，等.城市洪涝灾害风险分析与区划方法综述 [J]. 水资源保护，2020，36（6）：1-6+17.

[164] 黄弘，李瑞奇，范维澄，等.安全韧性城市特征分析及对雄安新区安全发展的启示 [J]. 中国安全生产科学技术，2018，14（7）：5-11.

[165] 黄寰，肖义，王洪锦.成渝城市群社会-经济-自然复合生态系统生态位评价 [J]. 软科学，2018，32（7）：113-117.

[166] 黄晶，佘靖雯，袁晓梅，等.基于系统动力学的城市洪涝韧性仿真研究——以南京市为例 [J]. 长江流域资源与环境，2020，29（11）：2519-2529.

[167] 黄琳煜，李迷，聂秋月，等.基于 MIKE FLOOD 的暴雨积涝模型在川沙地区的应用 [J]. 水资源与水工程学报，2017，28（3）：127-133.

[168] 姜仁贵，王小杰，解建仓，等.城市内涝应急预案管理研究与应用 [J]. 灾害学，2018，33（2）：146-150.

[169] 蒋卫威，鱼京善，赤穗良辅，等.变化环境与人类活动对城市水文与水动力过程影响研究进展 [J]. 北京师范大学学报（自然科学版），2020，56（2）：160-168.

[170] 康俊，周杰，程炳岩.基于 FloodArea 模型的重庆沙坪坝区内涝风险评估研究 [J]. 西南大学学报（自然科学版），2017，39（12）：111-118.

[171] 寇殿良，彭焘，刘启岚，等.基于 SWMM 的南宁市仙葫大道内涝点分析及改造 [J]. 中国给水排水，2018，34（5）：136-138.

[172] 赖广陵，童晓冲，张勇，等.基于六边形格网的城市内涝洪水演进方法研究 [J]. 测绘学报，2016，45（S1）：144-151.

[173] 赖泽辉，包世泰，陈顺清，等.基于元胞自动机的城市地表积水模拟研究 [J]. 水土保持通报，2015，35（6）：182-186+191.

[174] 黎江平，姚怡帆，叶中华.TOE 框架下的省级政务大数据发展水平

影响因素与发展路径——基于 fsQCA 实证研究［J］. 情报杂志，2022，41（1）：200-207.

［175］李纲，余辉，梁镇涛，等.技术交易中供需匹配影响因素研究——基于 TOE 框架的组态分析［J］. 情报理论与实践，2022，45（2）：85-93+120.

［176］李彤玥.韧性城市研究新进展［J］. 国际城市规划，2017，32（5）：15-25.

［177］李超超，程晓陶，申若竹，等.城市化背景下洪涝灾害新特点及其形成机理［J］. 灾害学，2019，34（2）：57-62.

［178］李刚，李建平，孙晓蕾，等.主客观权重的组合方式及其合理性研究［J］. 管理评论，2017，29（12）：17-26+61.

［179］李海辰，冯文文，张少恺，等.城市洪涝灾害防御中的前沿信息技术应用［J］. 中国安全科学学报，2022，32（9）：137-143.

［180］李昊青，夏一雪，兰月新，等.我国公共危机信息管理研究的可视化分析（2006-2015）［J］. 现代情报，2016，36（5）：138-143+157.

［181］李华强.自然灾害防灾减灾社会化中的公众参与：一个阶段化路径模型［J］. 中国行政管理，2021（6）：128-135.

［182］李辉，李长安，张利华，等.基于 MODIS 影像的鄱阳湖湖面积与水位关系研究［J］. 第四纪研究，2008（2）：332-337.

［183］李乐乐，钞锦龙，赵德一，等.1957—2019 年山西省暴雨时空分布特征与暴雨灾害风险评估［J］. 干旱区地理，2023，46（5）：689-699.

［184］李强.基于数字孪生技术的城市洪涝灾害评估与预警系统分析［J］. 北京工业大学学报，2022，48（5）：476-485.

［185］李晴，刘海军.智慧城市与城市治理现代化：从冲突到赋能［J］. 行政管理改革，2020（4）：56-63.

［186］李秋萍，李雪梅，龚志远，等.兰州市中心城区内涝时空格局和成因分析［J］. 遥感技术与应用，2023，38（4）：935-944.

［187］李涛，朱珊珊，黄献明.基于气候灾害影响的国际韧性城市建设研究进展［J］. 科技导报，2020，38（8）：30-39.

［188］李亚，翟国方.我国城市灾害韧性评估及其提升策略研究［J］. 规

划师，2017，33（8）：5-11.

[189] 李艳飞，李苏梅，王亦虹，等.地方政府应急能力影响因素及其提升路径探究——基于31省面板数据的实证研究［J］.中国安全生产科学技术，2022，18（4）：47-53.

[190] 李友东，闫晨丽，赵云辉.TOE框架下智慧城市治理路径的前因组态研究——基于35个重点城市的模糊集定性比较分析［J］.技术经济，2022，41（11）：140-151.

[191] 李煜华，向子威，胡瑶瑛，等.路径依赖视角下先进制造业数字化转型组态路径研究［J］.科技进步与对策，2022，39（11）：74-83.

[192] 梁珺濡，刘淑欣，张惠.从被动韧性到转型韧性：智慧社区的灾害韧性提升研究［J］.广州大学学报（社会科学版），2021，20（2）：47-54.

[193] 廖桂贤，林贺佳，汪洋.城市韧性承洪理论——另一种规划实践的基础［J］.国际城市规划，2015，30（2）：36-47.

[194] 廖永丰，赵飞，邓岚，等.城市内涝灾害居民室内财产损失评价模型研究［J］.灾害学，2017，32（2）：7-12.

[195] 廖玉芳，温家洪，郭凌曜，等.关于气候适应型城市建设的思考［J］.灾害学，2018，33（3）：1-6.

[196] 刘钢，袁晓梅，黄晶，等.基于PSR框架的城市洪涝弹性评估——以苏锡常地区为例［J］.资源开发与市场，2018，34（5）：593-598.

[197] 刘华军，郭立祥，乔列成，等.中国物流业效率的时空格局及动态演进［J］.数量经济技术经济研究，2021，38（5）：57-74.

[198] 刘然彬，赵亚乾，沈澄，等.人工湿地在"海绵城市"建设中的作用［J］.中国给水排水，2016，32（24）：49-53+58.

[199] 刘兴坡.气候变暖背景下的城市排水管网系统可持续管理［J］.给水排水，2009，45（S1）：421-423.

[200] 卢文超，李琳.黄石市韧性城市建设的调查与思考［J］.城市，2016（11）：28-33.

[201] 马萌华，李家科，邓陈宁.基于SWMM模型的城市内涝与面源污染的模拟分析［J］.水力发电学报，2017，36（11）：62-72.

［202］宁思雨，黄晶，汪志强，等.基于投入产出法的洪涝灾害间接经济损失评估——以湖北省为例［J］.地理科学进展，2020，39（3）：420-432.

［203］潘竟虎，张永年.中国能源碳足迹时空格局演化及脱钩效应［J］.地理学报，2021，76（1）：206-222.

［204］彭建，魏海，武文欢，等.基于土地利用变化情景的城市暴雨洪涝灾害风险评估——以深圳市茅洲河流域为例［J］.生态学报，2018，38（11）：3741-3755.

［205］秦波，田卉.城市洪涝灾害应急管理体系建设研究［J］.现代城市研究，2012，27（1）：29-33.

［206］权瑞松.多情景视角的上海中心城区地铁暴雨内涝暴露性分析［J］.地理科学，2015，35（4）：471-475.

［207］邵蕊，田建茹，李伟娜，等.基于无人机影像的自然-人工复合生态系统景观格局定量分析［J］.林业资源管理，2019（3）：151-156.

［208］邵亦文，徐江.城市韧性：基于国际文献综述的概念解析［J］.国际城市规划，2015，30（2）：48-54.

［209］沈丽，张好圆，李文君.中国普惠金融的区域差异及分布动态演进［J］.数量经济技术经济研究，2019，36（7）：62-80.

［210］沈鹏熠，万德敏，李金雄，等.TOE理论视角下实体零售企业全渠道整合实现机制探讨——来自结构方程建模和Bootstrap方法的实证检验［J］.中央财经大学学报，2023（7）：100-112.

［211］施露，董增川，付晓花，等.Mike Flood在中小河流洪涝风险分析中的应用［J］.河海大学学报（自然科学版），2017，45（4）：350-357.

［212］史培军.三论灾害研究的理论与实践［J］.自然灾害学报，2002（3）：1-9.

［213］史培军，刘连友.北京师范大学灾害风险科学研究回顾与展望［J］.北京师范大学学报（自然科学版），2022，58（3）：458-464.

［214］宋晓猛，张建云，贺瑞敏，等.北京城市洪涝问题与成因分析［J］.水科学进展，2019，30（2）：153-165.

［215］孙阳，张落成，姚士谋.基于社会生态系统视角的长三角地级城市

韧性度评价 [J]. 中国人口·资源与环境，2017，27（8）：151-158.

[216] 孙宇，刘维忠，盛洋. 基于 PSR 模型的新疆水资源经济生态韧性时空差异及影响因素分析 [J]. 干旱区地理，2023，46（12）：2017-2028.

[217] 谭海波，范梓腾，杜运周. 技术管理能力、注意力分配与地方政府网站建设——一项基于 TOE 框架的组态分析 [J]. 管理世界，2019，35（9）：81-94.

[218] 谭术魁，张南. 中国海绵城市建设现状评估——以中国 16 个海绵城市为例 [J]. 城市问题，2016（6）：98-103.

[219] 汤志伟，周维. 地方政府政务微信服务能力的提升路径研究 [J]. 情报杂志，2020，39（12）：126-133+163.

[220] 田丰，张军，冉有华，等. 不同空间尺度的山洪灾害风险评价模型对比研究 [J]. 干旱区地理，2019，42（3）：559-569.

[221] 汪辉，任懿璐，卢思琪，等. 以生态智慧引导下的城市韧性应对洪涝灾害的威胁与发生 [J]. 生态学报，2016，36（16）：4958-4960.

[222] 王初，殷杰. 上海市居民洪涝灾害风险感知及其影响因素研究 [J]. 灾害学，2022，37（4）：149-154.

[223] 王佃利. 基于城市生命体理念的韧性城市提升路径 [J]. 人民论坛·学术前沿，2022（Z1）：64-71.

[224] 王国萍，闵庆文，丁陆彬，等. 基于 PSR 模型的国家公园综合灾害风险评估指标体系构建 [J]. 生态学报，2019，39（22）：8232-8244.

[225] 王国桥，赵乐萌，李尧远. 基于模糊集定性比较分析的灾害公共预警效率分析 [J]. 灾害学，2022，37（4）：123-128+142.

[226] 王江波，胡勤才，苟爱萍. 灾后城市基础设施恢复力模型构建研究——以"7·20"郑州特大暴雨灾害为例 [J]. 灾害学，2023，38（1）：32-36+56.

[227] 王如松，李锋，韩宝龙，等. 城市复合生态及生态空间管理 [J]. 生态学报，2014，34（1）：1-11.

[228] 王伟武，汪琴，林晖，等. 中国城市内涝研究综述及展望 [J]. 城市问题，2015（10）：24-28.

［229］王一新.超大城市洪涝灾害情景评估及其在太湖流域应用研究［D］.天津：天津大学，2017.

［230］王喆，蒋壮，王世昌，等.应急智能规划中基于约束满足的资源协作方法［J］.系统工程学报，2020，35（6）：816-823+837.

［231］文宏，李风山.组态视角下大气环境政策执行偏差的生成机理与典型模式——基于61个案例的模糊集定性比较分析［J］.中国地质大学学报（社会科学版），2021，21（5）：70-81.

［232］吴浩田，翟国方.韧性城市规划理论与方法及其在我国的应用——以合肥市市政设施韧性提升规划为例［J］.上海城市规划，2016（1）：19-25.

［233］吴舒祺，赵文吉，王志恒，等.基于GIS的洪涝灾害风险评估及区划——以浙江省为例［J］.中国农村水利水电，2020（6）：51-57.

［234］谢以恒，沈菊琴，吴征，等.基于TOPSIS法的城市内涝事件应急群决策研究［J］.水资源与水工程学报，2017，28（1）：104-108.

［235］徐广平，张金山，杜运周.环境与组织因素组态效应对公司创业的影响——一项模糊集的定性比较分析［J］.外国经济与管理，2020，42（1）：3-16.

［236］徐敏曼.TOE框架下洪涝灾害治理中县级政府履职问题研究——以揭阳市普宁"8·16"事件为例［D］.西安：陕西师范大学，2021.

［237］徐耀阳，李刚，崔胜辉，等.韧性科学的回顾与展望：从生态理论到城市实践［J］.生态学报，2018，38（15）：5297-5304.

［238］徐艺扬，李昆，谢玉静，等.基于GIS的城市内涝影响因素及多元回归模型研究——以上海为例［J］.复旦学报（自然科学版），2018，57（2）：182-198.

［239］许涛，王春连，洪敏.基于灰箱模型的中国城市内涝弹性评价［J］.城市问题，2015（4）：2-11.

［240］薛冰，李宏庆，黄蓓佳等.数据驱动的社会-经济-自然复合生态系统研究：尺度、过程及其决策关联［J］.应用生态学报，2022，33（12）：3169-3176.

［241］薛澜，张强，钟开斌.危机管理：转型期中国面临的挑战［J］.中

国软科学，2003（4）：6-12.

[242] 闫绪娴，王俊丽，范玲，等.韧性城市视角下地铁洪涝灾害风险分析——基于 Bow-Tie—贝叶斯网络模型［J］.灾害学，2022，37（2）：36-43.

[243] 杨帆，许莹，段宁.城市洪涝韧性治理体系的智慧化转型与实现路径创新［J］.城市发展研究，2021，28（5）：119-126.

[244] 杨敏行，黄波，崔翀，等.基于韧性城市理论的灾害防治研究回顾与展望［J］.城市规划学刊，2016（1）：48-55.

[245] 叶丽梅，周月华，向华，等.基于 GIS 淹没模型的城市道路内涝灾害风险区划研究［J］.长江流域资源与环境，2016，25（6）：1002-1008.

[246] 曾照洋，王兆礼，吴旭树，等.基于 SWMM 和 LISFLOOD 模型的暴雨内涝模拟研究［J］.水力发电学报，2017，36（5）：68-77.

[247] 曾忠平，彭浩轩.城市湿地损失和内涝灾害响应的遥感分析——以武汉市南湖为例［J］.长江流域资源与环境，2018，27（4）：929-938.

[248] 翟国方，邹亮，马东辉，等.城市如何韧性［J］.城市规划，2018，42（2）：42-46+77.

[249] 翟长海，刘文，谢礼立.城市抗震韧性评估研究进展［J］.建筑结构学报，2018，39（9）：1-9.

[250] 张成福.公共危机管理：全面整合的模式与中国的战略选择［J］.中国行政管理，2003（7）：6-11.

[251] 张桂蓉，雷雨，赵维.自然灾害跨省域应急协同的生成逻辑［J］.中国行政管理，2022（3）：126-135.

[252] 张海波.应急管理的全过程均衡：一个新议题［J］.中国行政管理，2020（3）：123-130.

[253] 张海波.中国第四代应急管理体系：逻辑与框架［J］.中国行政管理，2022（4）：112-122.

[254] 张丽苹，李风亭，张静，等.气候变化背景下上海地下空间的 SWOT 模型分析［J］.环境科学与技术，2014，37（2）：190-194.

[255] 张明斗，冯晓青.韧性城市：城市可持续发展的新模式［J］.郑州大学学报（哲学社会科学版），2018，51（2）：59-63.

［256］张帅，王成新，姚士谋.未来中国推进韧性城市规划与建设的几点思考［J］.资源开发与市场，2023，39（9）：1155-1160.

［257］张煜珠.基于整体性治理理论的城市暴雨内涝韧性治理模式研究［D］.天津：天津理工大学，2019.

［258］张振国.城市社区暴雨内涝灾害风险评估研究——以上海市普陀区金沙居委会地区为例［D］.上海：上海师范大学，2014.

［259］张正涛，崔鹏，李宁，等.武汉市"2016.07.06"暴雨洪涝灾害跨区域经济波及效应评估研究［J］.气候变化研究进展，2020，16（4）：433-441.

［260］赵永茂，谢庆奎，张四明，等.公共行政、灾害防救与危机管理［M］.北京：社会科学文献出版社，2011.

［261］赵阿兴，马宗晋.自然灾害损失评估指标体系的研究［J］.自然灾害学报，1993（3）：1-7.

［262］赵瑞东.中国城市韧性的时空格局演变、影响机制及提升路径研究［D］.乌鲁木齐：新疆大学，2021.

［263］赵云辉，王蕾，冯泰文，等.新冠疫情下政府差异化复工复产路径研究［J］.科研管理，2021，42（4）：191-200.

［264］郑昭佩，朱晓艳，宋德香.低影响开发城市建设面临的挑战与对策［J］.科学，2017，69（2）：22-25.

［265］郑艳，翟建青，武占云，等.基于适应性周期的韧性城市分类评价——以我国海绵城市与气候适应型城市试点为例［J］.中国人口·资源与环境，2018，28（3）：31-38.

［266］中华人民共和国水利部.中国水旱灾害防御公报（2021）［M］.北京：中国水利水电出版社，2022.

［267］中华人民共和国应急管理部.应急管理部发布2021年全国自然灾害基本情况［EB/OL］.（2022-01-23）［2024-07-26］.https：//www.mem.gov.cn/xw/yjglbgzdt/202201/t20220123_407204.shtml.

［268］钟开斌.风险治理与地方政府预防与治理流程优化［M］.北京：北京大学出版社，2011.

［269］钟琪，戚巍.基于态势管理的区域弹性评估模型［J］.经济管理，

2010, 32 (8): 32-37.

[270] 周广胜, 何奇瑾. 城市内涝防治需充分预估气候变化的影响 [J]. 生态学报, 2016, 36 (16): 4961-4964.

[271] 周宏, 刘俊, 高成, 等. 我国城市内涝防治现状及问题分析 [J]. 灾害学, 2018, 33 (3): 147-151.

[272] 周利敏. 韧性城市: 风险治理及指标建构——兼论国际案例 [J]. 北京行政学院学报, 2016 (2): 13-20.

[273] 周利敏, 陈颖. 智慧城市时代的灾害治理变革——基于多案例的比较研究 [J]. 云南社会科学, 2022 (5): 160-169.

[274] 周铭毅, 尚志海, 蔡灼芬, 等. 基于 VIKOR 方法的广东省城市洪涝灾害韧性评估 [J]. 灾害学, 2023, 38 (1): 206-212.

[275] 周倩倩, 黄冕眉, 刘青, 等. 基于内涝风险评估的城市低冲击径流控制指标布设 [J]. 中国给水排水, 2017, 33 (17): 125-129.

[276] 周昕, 高玉琴, 吴迪. 不同 LID 设施组合对区域雨洪控制效果的影响模拟 [J]. 水资源保护, 2021, 37 (3): 26-31+73.

[277] 周扬, 李宁, 吴文祥. 自然灾害社会脆弱性研究进展 [J]. 灾害学, 2014, 29 (2): 128-135.

[278] 朱诗尧. 城市抗涝韧性的度量与提升策略研究——以长三角区域城市为例 [D]. 南京: 东南大学, 2021.

附　录

附录1　AHP 专家打分结果

附表 1.1　压力维度的专家打分结果

压力维度	C1	C2	C3	权重
C1	1	1/3	1/5	0.105
C2	3	1	1/3	0.258
C3	5	3	1	0.637

注：$\lambda_{max}=3.039$，$CR=0.037<0.10$。

资料来源：笔者整理获得。

附表 1.2　状态维度的专家打分结果

状态维度	C4	C5	C6	C7	C8	C9	C10	C11	C12	C13	C14	C15	C16	C17	权重
C4	1	1/2	5	2	4	6	5	3	3	6	1/5	1/5	1/3	1/3	0.066
C5	2	1	5	2	5	6	6	3	3	7	1/5	1/5	1/3	1/3	0.076
C6	1/5	1/5	1	1/4	1/2	3	2	1/3	1/3	3	1/7	1/7	1/6	1/6	0.020
C7	1/2	1/2	4	1	3	5	4	2	2	5	1/5	1/5	1/3	1/3	0.052

状态维度	C4	C5	C6	C7	C8	C9	C10	C11	C12	C13	C14	C15	C16	C17	权重
C8	1/4	1/5	2	1/3	1	3	2	1/2	1/2	3	1/7	1/7	1/6	1/6	0.024
C9	1/6	1/6	1/3	1/5	1/3	1	1/2	1/4	1/4	2	1/9	1/8	1/7	1/7	0.013
C10	1/5	1/6	1/2	1/4	1/2	2	1	1/3	1/3	3	1/8	1/8	1/7	1/7	0.016
C11	1/3	1/3	3	1/2	2	4	3	1	1/2	5	1/6	1/5	1/4	1/4	0.035
C12	1/3	1/3	3	1/2	2	4	3	2	1	5	1/5	1/5	1/4	1/4	0.039
C13	1/6	1/7	1/3	1/5	1/3	1/2	1/3	1/5	1/5	1	1/9	1/9	1/8	1/8	0.010
C14	5	5	7	5	7	9	8	6	5	9	1	2	3	3	0.215
C15	5	5	7	5	7	8	8	5	5	9	1/2	1	3	3	0.191
C16	3	3	6	3	6	7	7	4	4	8	1/3	1/3	1	1	0.121
C17	3	3	6	3	6	7	7	4	4	8	1/3	1/3	1	1	0.121

注：$\lambda_{max} = 15.085$，$CR = 0.053 < 0.10$。

资料来源：笔者整理获得。

附表 1.3　响应维度的专家打分结果

响应维度	C18	C19	C20	C21	C22	C23	C24	C25	C26	C27	C28	C29	C30	权重
C18	1	1/3	2	1	3	2	1/2	1/5	1/3	1/3	1	1	1	0.052
C19	3	1	5	3	5	3	2	1/3	1/2	2	3	3	1	0.112
C20	1/2	1/5	1	1/3	1/5	1/2	1/2	1/5	1/5	1/5	3	1/2	1/2	0.027
C21	1	1/3	3	1	3	3	3	1/2	1/2	2	3	2	2	0.087
C22	1/3	1/5	5	1/3	1	3	1	1/2	1/2	2	5	1/2	1/2	0.052
C23	1/2	1/5	2	1/3	1/3	1	1/2	1/2	1/2	2	5	1/3	1/3	0.037
C24	1	1/2	2	1/3	1	2	1	1/3	1	1	3	1/3	1/3	0.059
C25	5	3	5	2	2	2	3	1	2	2	2	2	2	0.169
C26	3	2	5	2	2	2	1	1/2	1	1	5	2	2	0.120
C27	3	2	5	2	2	2	1	1/2	1	1	4	1/2	1/2	0.095
C28	1	1/3	1/3	1/3	1/5	1/5	1/3	1/5	1/5	1/4	1	1/5	1/5	0.020
C29	1	1/3	2	1/2	2	3	3	1/2	1/2	2	5	1	1/2	0.077
C30	1	1	2	1/2	2	3	3	1/2	1/2	2	5	2	1	0.093

注：$\lambda_{max} = 14.659$，$CR = 0.0893 < 0.10$。

资料来源：笔者整理获得。

附录2　中国城市洪涝灾害韧性评估结果（2020年）

附表 2.1　2020 年中国 284 个城市洪涝灾害韧性评估结果

城市	压力	状态	响应	综合值
北京	0.062	0.180	0.229	0.472
天津	0.048	0.158	0.178	0.385
石家庄	0.063	0.153	0.125	0.340
唐山	0.058	0.129	0.094	0.282
秦皇岛	0.051	0.136	0.099	0.286
邯郸	0.053	0.128	0.072	0.253
邢台	0.061	0.141	0.072	0.274
保定	0.061	0.131	0.081	0.273
张家口	0.055	0.130	0.080	0.265
承德	0.057	0.123	0.079	0.260
沧州	0.061	0.142	0.080	0.283
廊坊	0.056	0.141	0.095	0.292
衡水	0.066	0.136	0.074	0.276
太原	0.058	0.142	0.184	0.384
大同	0.056	0.125	0.087	0.267
阳泉	0.055	0.119	0.094	0.267
长治	0.058	0.131	0.081	0.270
晋城	0.057	0.131	0.084	0.272
朔州	0.062	0.129	0.079	0.270
晋中	0.061	0.146	0.103	0.309
运城	0.059	0.142	0.075	0.275
忻州	0.052	0.138	0.075	0.265

续表

城市	压力	状态	响应	综合值
临汾	0.054	0.151	0.082	0.286
吕梁	0.055	0.147	0.076	0.277
呼和浩特	0.064	0.155	0.174	0.393
包头	0.058	0.160	0.108	0.325
乌海	0.068	0.181	0.096	0.344
赤峰	0.058	0.149	0.071	0.277
通辽	0.048	0.151	0.068	0.267
鄂尔多斯	0.056	0.184	0.098	0.337
呼伦贝尔	0.065	0.135	0.064	0.263
巴彦淖尔	0.060	0.155	0.062	0.277
乌兰察布	0.064	0.157	0.061	0.283
沈阳	0.050	0.130	0.144	0.324
大连	0.051	0.134	0.136	0.321
鞍山	0.048	0.103	0.094	0.245
抚顺	0.051	0.098	0.091	0.240
本溪	0.045	0.110	0.104	0.259
丹东	0.048	0.103	0.102	0.253
锦州	0.059	0.117	0.097	0.273
营口	0.056	0.132	0.100	0.288
阜新	0.055	0.116	0.094	0.266
辽阳	0.058	0.115	0.090	0.263
盘锦	0.055	0.124	0.095	0.275
铁岭	0.056	0.112	0.086	0.254
朝阳	0.062	0.113	0.083	0.257
葫芦岛	0.060	0.107	0.084	0.251
长春	0.052	0.145	0.128	0.324
吉林	0.052	0.125	0.105	0.282
四平	0.056	0.141	0.078	0.274
辽源	0.055	0.136	0.075	0.266

城市	压力	状态	响应	综合值
通化	0.054	0.127	0.087	0.268
白山	0.058	0.120	0.077	0.255
松原	0.055	0.131	0.071	0.257
白城	0.046	0.143	0.084	0.273
哈尔滨	0.039	0.136	0.129	0.304
齐齐哈尔	0.046	0.127	0.083	0.257
鸡西	0.047	0.119	0.094	0.260
鹤岗	0.046	0.112	0.084	0.241
双鸭山	0.044	0.130	0.088	0.261
大庆	0.051	0.140	0.090	0.281
伊春	0.044	0.121	0.065	0.230
佳木斯	0.039	0.121	0.089	0.249
七台河	0.034	0.127	0.075	0.236
牡丹江	0.062	0.125	0.091	0.278
黑河	0.057	0.146	0.072	0.276
绥化	0.055	0.122	0.073	0.250
上海	0.046	0.149	0.258	0.454
南京	0.054	0.164	0.206	0.424
无锡	0.053	0.164	0.154	0.370
徐州	0.059	0.138	0.093	0.290
常州	0.052	0.157	0.142	0.351
苏州	0.044	0.147	0.189	0.380
南通	0.053	0.150	0.110	0.313
连云港	0.047	0.140	0.081	0.268
淮安	0.044	0.142	0.083	0.268
盐城	0.051	0.137	0.081	0.269
扬州	0.052	0.156	0.106	0.313
镇江	0.043	0.150	0.124	0.316
泰州	0.046	0.134	0.090	0.271

续表

城市	压力	状态	响应	综合值
宿迁	0.047	0.126	0.073	0.247
杭州	0.027	0.151	0.228	0.406
宁波	0.032	0.144	0.177	0.353
温州	0.029	0.126	0.147	0.302
嘉兴	0.036	0.141	0.160	0.338
湖州	0.038	0.137	0.153	0.328
绍兴	0.038	0.130	0.154	0.322
金华	0.037	0.137	0.153	0.327
衢州	0.034	0.158	0.111	0.303
舟山	0.037	0.155	0.150	0.342
台州	0.030	0.145	0.132	0.307
丽水	0.022	0.153	0.118	0.292
合肥	0.038	0.134	0.165	0.337
芜湖	0.041	0.129	0.129	0.299
蚌埠	0.065	0.128	0.112	0.306
淮南	0.066	0.116	0.104	0.285
马鞍山	0.061	0.126	0.114	0.301
淮北	0.066	0.122	0.102	0.290
铜陵	0.057	0.115	0.105	0.277
安庆	0.058	0.123	0.101	0.281
黄山	0.043	0.138	0.111	0.293
滁州	0.061	0.133	0.091	0.286
阜阳	0.065	0.133	0.093	0.291
宿州	0.064	0.133	0.091	0.288
六安	0.069	0.129	0.089	0.287
亳州	0.070	0.142	0.084	0.296
池州	0.059	0.146	0.096	0.301
宣城	0.057	0.126	0.099	0.282
福州	0.057	0.151	0.150	0.358

城市	压力	状态	响应	综合值
厦门	0.057	0.169	0.197	0.423
莆田	0.057	0.164	0.098	0.319
泉州	0.056	0.142	0.114	0.312
漳州	0.053	0.138	0.103	0.294
南平	0.049	0.146	0.087	0.282
龙岩	0.043	0.153	0.096	0.292
宁德	0.049	0.154	0.082	0.285
南昌	0.055	0.150	0.195	0.400
景德镇	0.053	0.159	0.123	0.336
萍乡	0.048	0.150	0.119	0.318
九江	0.056	0.158	0.123	0.336
新余	0.048	0.161	0.126	0.335
鹰潭	0.046	0.157	0.124	0.326
赣州	0.043	0.160	0.120	0.322
吉安	0.043	0.154	0.116	0.312
宜春	0.051	0.170	0.121	0.342
抚州	0.048	0.157	0.109	0.314
上饶	0.045	0.141	0.114	0.301
济南	0.064	0.135	0.180	0.380
青岛	0.064	0.132	0.171	0.367
淄博	0.066	0.113	0.131	0.311
枣庄	0.067	0.112	0.103	0.281
东营	0.070	0.136	0.124	0.330
烟台	0.068	0.119	0.132	0.319
潍坊	0.067	0.108	0.129	0.304
济宁	0.060	0.107	0.111	0.278
泰安	0.060	0.108	0.115	0.283
威海	0.062	0.130	0.153	0.345
日照	0.059	0.123	0.106	0.288

城市	压力	状态	响应	综合值
临沂	0.059	0.107	0.107	0.272
德州	0.065	0.111	0.101	0.276
聊城	0.063	0.108	0.101	0.272
滨州	0.060	0.123	0.110	0.293
菏泽	0.057	0.114	0.093	0.265
郑州	0.059	0.141	0.203	0.402
开封	0.069	0.132	0.094	0.296
洛阳	0.069	0.130	0.113	0.312
平顶山	0.071	0.123	0.089	0.282
安阳	0.072	0.121	0.099	0.292
鹤壁	0.068	0.134	0.087	0.289
新乡	0.069	0.122	0.110	0.300
焦作	0.070	0.131	0.105	0.306
濮阳	0.068	0.130	0.090	0.288
许昌	0.067	0.142	0.091	0.300
漯河	0.065	0.130	0.078	0.273
三门峡	0.071	0.124	0.100	0.295
南阳	0.066	0.129	0.093	0.288
商丘	0.071	0.131	0.081	0.283
信阳	0.071	0.136	0.083	0.290
周口	0.072	0.132	0.078	0.282
驻马店	0.072	0.146	0.083	0.301
武汉	0.066	0.156	0.245	0.468
黄石	0.062	0.136	0.139	0.337
十堰	0.061	0.135	0.140	0.336
宜昌	0.061	0.127	0.144	0.332
襄阳	0.055	0.124	0.132	0.311
鄂州	0.053	0.146	0.132	0.331
荆门	0.058	0.127	0.132	0.317

续表

城市	压力	状态	响应	综合值
孝感	0.054	0.134	0.125	0.313
荆州	0.050	0.124	0.131	0.305
黄冈	0.052	0.130	0.130	0.312
咸宁	0.051	0.147	0.121	0.319
随州	0.059	0.140	0.123	0.321
长沙	0.045	0.149	0.228	0.422
株洲	0.038	0.135	0.154	0.327
湘潭	0.054	0.140	0.161	0.356
衡阳	0.056	0.128	0.139	0.323
邵阳	0.053	0.132	0.127	0.312
岳阳	0.061	0.135	0.136	0.333
常德	0.062	0.148	0.134	0.343
张家界	0.061	0.148	0.147	0.356
益阳	0.058	0.140	0.131	0.329
郴州	0.051	0.143	0.143	0.337
永州	0.048	0.137	0.129	0.313
怀化	0.052	0.143	0.148	0.343
娄底	0.045	0.126	0.131	0.302
广州	0.033	0.201	0.281	0.514
韶关	0.037	0.146	0.138	0.321
深圳	0.033	0.179	0.325	0.537
珠海	0.033	0.218	0.259	0.510
汕头	0.047	0.158	0.120	0.326
佛山	0.034	0.201	0.218	0.453
江门	0.032	0.146	0.148	0.326
湛江	0.041	0.148	0.119	0.308
茂名	0.043	0.160	0.114	0.316
肇庆	0.040	0.149	0.153	0.341
惠州	0.037	0.156	0.156	0.349

城市	压力	状态	响应	综合值
梅州	0.040	0.151	0.109	0.299
汕尾	0.038	0.145	0.100	0.283
河源	0.037	0.137	0.107	0.282
阳江	0.041	0.155	0.110	0.306
清远	0.033	0.143	0.119	0.296
东莞	0.034	0.228	0.274	0.536
中山	0.037	0.159	0.218	0.414
潮州	0.040	0.145	0.114	0.299
揭阳	0.034	0.139	0.100	0.272
云浮	0.032	0.147	0.101	0.280
南宁	0.041	0.156	0.155	0.352
柳州	0.035	0.141	0.125	0.301
桂林	0.035	0.151	0.128	0.314
梧州	0.035	0.149	0.098	0.282
北海	0.042	0.161	0.115	0.317
防城港	0.040	0.162	0.093	0.295
钦州	0.040	0.158	0.098	0.296
贵港	0.035	0.155	0.096	0.285
玉林	0.045	0.156	0.116	0.317
百色	0.052	0.143	0.096	0.291
贺州	0.043	0.161	0.092	0.297
河池	0.051	0.155	0.101	0.306
来宾	0.048	0.148	0.092	0.287
崇左	0.053	0.148	0.099	0.299
海口	0.049	0.172	0.170	0.391
三亚	0.044	0.189	0.191	0.423
重庆	0.053	0.114	0.123	0.290
成都	0.057	0.128	0.197	0.382
自贡	0.057	0.122	0.117	0.295

续表

城市	压力	状态	响应	综合值
攀枝花	0.065	0.099	0.139	0.303
泸州	0.057	0.117	0.117	0.290
德阳	0.061	0.124	0.126	0.310
绵阳	0.060	0.112	0.132	0.304
广元	0.062	0.128	0.110	0.300
遂宁	0.054	0.115	0.104	0.273
内江	0.058	0.106	0.128	0.292
乐山	0.050	0.123	0.120	0.294
南充	0.056	0.113	0.113	0.282
眉山	0.062	0.125	0.115	0.302
宜宾	0.065	0.120	0.114	0.298
广安	0.061	0.115	0.111	0.287
达州	0.061	0.110	0.114	0.285
雅安	0.063	0.122	0.135	0.320
巴中	0.061	0.105	0.102	0.268
资阳	0.064	0.118	0.099	0.280
贵阳	0.061	0.105	0.206	0.372
六盘水	0.061	0.109	0.115	0.284
遵义	0.063	0.118	0.113	0.294
安顺	0.061	0.119	0.107	0.287
毕节	0.067	0.118	0.110	0.294
铜仁	0.060	0.118	0.113	0.290
昆明	0.066	0.149	0.223	0.438
曲靖	0.063	0.148	0.114	0.325
玉溪	0.073	0.184	0.116	0.373
保山	0.066	0.165	0.112	0.343
昭通	0.067	0.155	0.103	0.324
丽江	0.065	0.171	0.127	0.363
普洱	0.067	0.162	0.111	0.340

续表

城市	压力	状态	响应	综合值
临沧	0.064	0.161	0.108	0.333
西安	0.069	0.156	0.163	0.388
铜川	0.069	0.133	0.080	0.282
宝鸡	0.066	0.129	0.085	0.281
咸阳	0.066	0.129	0.081	0.275
渭南	0.070	0.139	0.067	0.276
延安	0.070	0.140	0.098	0.309
汉中	0.060	0.137	0.074	0.271
榆林	0.073	0.146	0.071	0.290
安康	0.061	0.144	0.074	0.278
商洛	0.063	0.126	0.068	0.258
兰州	0.069	0.149	0.171	0.389
嘉峪关	0.073	0.162	0.123	0.358
金昌	0.064	0.125	0.074	0.263
白银	0.063	0.135	0.066	0.264
天水	0.064	0.130	0.075	0.269
武威	0.071	0.134	0.066	0.271
张掖	0.069	0.146	0.088	0.302
平凉	0.060	0.142	0.094	0.296
酒泉	0.068	0.136	0.094	0.299
庆阳	0.070	0.145	0.062	0.277
定西	0.072	0.158	0.070	0.300
陇南	0.067	0.131	0.066	0.263
西宁	0.068	0.162	0.130	0.359
海东	0.068	0.129	0.062	0.259
银川	0.077	0.153	0.135	0.365
石嘴山	0.075	0.150	0.077	0.302
吴忠	0.073	0.145	0.056	0.274

城市	压力	状态	响应	综合值
固原	0.053	0.157	0.065	0.275
中卫	0.065	0.155	0.057	0.277

资料来源：笔者整理获得。

附录3　中国城市洪涝灾害韧性的空间 Markov 转移概率矩阵

附表 3.1　$T=2$ 时中国城市洪涝灾害韧性的空间 Markov 转移概率矩阵

$T=2$	类别	低	中	高	极高
低	低	0.684	0.153	0.086	0.077
	中	0.426	0.270	0.155	0.149
	高	0.196	0.275	0.275	0.255
	极高	0.067	0.067	0.133	0.733
中	低	0.544	0.238	0.116	0.102
	中	0.332	0.327	0.212	0.130
	高	0.118	0.169	0.346	0.368
	极高	0.013	0.039	0.338	0.610
高	低	0.380	0.240	0.240	0.140
	中	0.297	0.226	0.265	0.213
	高	0.163	0.183	0.317	0.337
	极高	0.039	0.142	0.232	0.587
极高	低	0.594	0.219	0.063	0.125
	中	0.263	0.263	0.228	0.246
	高	0.087	0.254	0.272	0.387
	极高	0.016	0.082	0.170	0.732

资料来源：笔者使用 R 软件计算获得。

附表 3.2 *T*=3 时中国城市洪涝灾害韧性的空间 Markov 转移概率矩阵

T=3	类别	低	中	高	极高
低	低	0.603	0.193	0.097	0.107
	中	0.355	0.323	0.113	0.210
	高	0.289	0.111	0.267	0.333
	极高	0.071	0.036	0.143	0.750
中	低	0.504	0.163	0.179	0.154
	中	0.311	0.268	0.240	0.180
	高	0.167	0.225	0.258	0.350
	极高	0.056	0.141	0.155	0.648
高	低	0.435	0.130	0.196	0.239
	中	0.229	0.307	0.207	0.257
	高	0.119	0.157	0.324	0.400
	极高	0.048	0.103	0.254	0.595
极高	低	0.571	0.179	0.036	0.214
	中	0.280	0.140	0.300	0.280
	高	0.129	0.204	0.245	0.422
	极高	0.029	0.081	0.184	0.706

资料来源：笔者使用 R 软件计算获得。

附表 3.3 *T*=4 时中国城市洪涝灾害韧性的空间 Markov 转移概率矩阵

T=4	类别	低	中	高	极高
低	低	0.684	0.153	0.086	0.077
	中	0.426	0.270	0.155	0.149
	高	0.196	0.275	0.275	0.255
	极高	0.067	0.067	0.133	0.733
中	低	0.544	0.238	0.116	0.102
	中	0.332	0.327	0.212	0.130
	高	0.118	0.169	0.346	0.368
	极高	0.013	0.039	0.338	0.610

$T=4$	类别	低	中	高	极高
高	低	0.380	0.240	0.240	0.140
	中	0.297	0.226	0.265	0.213
	高	0.163	0.183	0.317	0.337
	极高	0.039	0.142	0.232	0.587
极高	低	0.594	0.219	0.063	0.125
	中	0.263	0.263	0.228	0.246
	高	0.087	0.254	0.272	0.387
	极高	0.016	0.082	0.170	0.732

资料来源：笔者使用 R 软件计算获得。